*Simply Irresistible*

# 塞壬的诱惑

## 做一个让人无法抗拒的"危险女人"

［美］艾伦·怀特◎著　诸葛雯◎译

北京联合出版公司
Beijing United Publishing Co.,Ltd.

图书在版编目（CIP）数据

塞壬的诱惑／（美）艾伦·T. 怀特 著；诸葛雯译 . —北京：
北京联合出版公司，2016. 10
ISBN 978 - 7 - 5502 - 8858 - 4

Ⅰ . ①塞… Ⅱ . ①艾… ②诸… Ⅲ . ①女性 - 名人 - 生平事迹 - 美国
Ⅳ . ①K837. 128. 5

中国版本图书馆 CIP 数据核字（2016）第 244649 号

北京市版权局著作合同登记：图字 01 - 2016 - 6138
SIMPLY IRRESISTIBLE
by Ellen T. White
（Copyright notice exactly as in Proprietor's edition）
Simplified Chinese translation copyright Ⓒ（2016）
by Beijing Standway Books Co., Ltd.
Published by arrangement with Running Press, a Member of Perseus Books LLC
through Bardon - Chinese Media Agency
博达著作权代理有限公司
ALL RIGHTS RESERVED.

# 塞壬的诱惑

项目策划　斯坦威图书

作　　者　（美）艾伦·怀特
译　　者　诸葛雯
责任编辑　李　征
策划编辑　李佳铌　向　慧
封面设计　红杉林文化

北京联合出版公司出版
（北京市西城区德外大街 83 号楼 9 层　100088）
北京市兆成印刷有限责任公司印刷　新华书店经销
150 千字　880 毫米×1230 毫米　1/32　8 印张
2016 年 11 月第 1 版　2016 年 11 月第 1 次印刷
ISBN 978 - 7 - 5502 - 8858 - 4
定价：39. 80 元

"生并非我愿——我要先去爱，
　　在爱的间隙延续生命。"
　　　　——泽尔达·菲茨杰拉德

# 序

作为一名作家，宏大的美国小说或是严谨的历史著作都不是我的拿手好戏——真正令我沉醉其间的是人们情感生活中的点点滴滴。我总会请遇见的每对夫妇谈谈他们相识的故事以及彼此身上最令人怦然心动的特质。对我而言，短短一句"我遇到了一位有趣的男士"就足以让我浮想联翩。

我家族中的女性世代将魅力视作生命——但凡一息尚存，她们就一直无往不利。单就我的直系亲属而言，我56岁的祖母在两度守寡后，依然俘获了年轻单身汉的心。我的母亲在毕业纪念册上留下的是传奇人物"金刚狼"的照片，75岁高龄时，她仍能与来访的男士谈笑风生。然而，生长在这般家庭背景下的我却极为晚熟。我十岁上下时，祖母就因我的异性缘不够而头痛不已，甚至煞有其事地与我母亲商量对策。此前，我一直乖巧听话，成绩优异。如果换作别的家长绝对会觉得这是一项值得称道的荣耀。约会？她们真期望我与男生约会吗？我的胸部都还没发育呢。

因此，在祖母与母亲这两代人的指引下，我将作业丢到了一边，一门心思研究起调情之道来。这门学问甚为艰深。我校服笔挺，盘腿危坐，聆听着祖母的教诲。她向我灌输的"来我这里"之类的情话至今都让我羞愧难当。她最心仪的一句是，"昨晚我梦见你了。"她说讲这句话时，语气中要带着些许神秘感。"要是他问我梦见了什么，该怎么回答呢？"我一脸真诚地问道。不幸的是，祖母对我的问题甚是鄙夷，觉得我想象力匮乏。18岁那年，我终于鼓起勇气在一场花园派对上说出了这句话。幸好，那时头顶有小鸟飞过，我内心无比紧张的情绪才得以缓解。

初尝胜果的我开始用敏锐的目光审视赫赫有名的爱情故事，并研究精于此道的魅惑大师。我读过斯科特·菲茨杰拉德的不少小说。他的女主人公多以极具传奇色彩的南部佳人泽尔达·赛尔为原型，后来，泽尔达嫁给了他。我也买过几本她的自传。之后，我又对詹妮·杰罗姆产生了兴趣。这位美国交际花也就是英国传奇首相温斯顿·丘吉尔的母亲。詹妮不仅使维多利亚时期的英国民众对其风流韵事津津乐道，而且还嫁给了一个与自己儿子年龄相仿的男人，自此退出社交界。我还研究了埃及艳后、名妓维罗妮卡·弗朗科、帕梅拉·哈里曼等。

这类阅读给我启迪，让我沉醉。但光凭文字，我很难抓住这些女性之所以能让男人难以抗拒的魅力精髓。我很清楚，詹妮的部分魅力源自她的智慧，但如果拥有智慧就能召唤魅力，那乌比·戈德堡岂不得不停地拒绝男人的求婚？虽然书上说帕梅拉·哈里曼之所以能成功引诱世上最具权势的男人，是因为她对他们言听计从，但若果真如此，她岂不像个委屈至极的受气包？

多年后，我定居华盛顿，在那里遇见了一位当代尤物。她叫露丝·沃格尔。露丝胸部平坦、骨瘦如柴、鼻头硕大，一头金发细长干枯、一双小眼犀利无比。无论以何种审美标准来看，她都只算得上是相貌平平，但她的整体气质却在时刻昭示着她绝代佳人的风韵。她似乎是男人们永远无法企及的女神，至少她令他们产生了这般错觉。我在露丝的身上发现了一股女神般的魅力。尽管她的身边总有亲近的男伴，却依旧在让人觉得心荡神摇的同时，叫人遥不可及。此外，她的性格也为她增添了许多魅力。露丝聪慧过人，甚至可以说是智力超群。她头脑灵活，深受异性赞赏。她穿着考究，虽然身穿当代服饰，却总让人莫名地联想到某个更为浪漫的年代。或是远远将男人甩在身后，或是落在他们未曾想到的遥远过去，她的想法男人永远捉摸不透。他们为她神魂颠倒，甚至会做出一些几近自杀的行为。我满怀敬畏地目睹了这一切。

露丝的例子让我明白了几条真理。美貌诚然有用，却不是让男人无法抗拒的关键所在，光凭美貌远远不够。对自身魅力深信无疑的女人最受男人青睐。这才是成为魅惑女人——本书将这一类尤物称之为塞壬的必要条件。毋庸置疑，这类女人也爱男人。她们活得潇洒自如，似乎男人与生活本就是为供她们取乐而存在的。我在进一步研究后发现，可以根据塞壬的主要特质将其大致分成五种原型——女神型、伴侣型、性感型、竞争型与母亲型。这些魅力无边的女人在此基础上透过自己的怪癖、施展各自的花招、展示自身的才华来突显个人魅力，打造自我"品牌"。

《塞壬的诱惑》可以算作是我就这一题材所撰写的一篇论文。这本书以历史上声名显赫的魅力女性为例，展现了无比宝贵且历久弥新的爱情教益，也描绘了通向魅力女人的清晰蓝图。书中那些魅力四射的塞壬们同时也是有血有肉的女性。撇开她们的爱情追求不谈，她们同样幽默风趣并令人尊敬。鉴于她们业已从生活中获得了自己的心中所想，她们的经验就尤其值得我们加以研究。

# 目　录

# Chapter 2
## 环肥燕瘦，各有千秋

# Chapter 1

追寻内心

塞壬的

脚印

# 本书使用指南

## 寻找塞壬之旅

你一定想成为塞壬吧。即便不是严格意义上的塞壬，也会想在生命中注入塞壬般的魔力，令男人难以抗拒。或许你早已芳心暗许。更有甚者，也许早对一大群男人青眼有加。若真是如此，你可算是来对了地方。本书的字里行间皆是史上最伟大的塞壬们集体智慧的精髓，其中也不乏与我相识的魅力女性朴素平实的故事。她们鲜为人知，却令人敬畏。某页文字、某个章节，或是某些爱情教诲也许就能令你受益匪浅，从而成为塞壬之道虔诚的追随者。

然而，你也许会问，塞壬的魅惑之道不是天生的吗？也不尽然。女人们生来就都带着塞壬的力量。她是我们原始自我的一部分。但只有当我们汇集了足够的勇气，才能将塞壬的能量激发释放。或是昂首阔步、仰天长啸，亦或是展现美态，令男人俯首称臣，其实，我们每个人都身负诱惑他人的力量。但我们首先需要找到这些令人着迷的特质，为其烙上自己独特的烙印。《塞壬的诱惑》就将引领你揭开层层迷雾，一赏庐山真容。

首先，我们将了解塞壬的身份及其核心价值观。这是本书一切爱情教诲的出发点。然后，我们将以史上著名的伟大女性为例，对一些心理原型，如女神型、伴侣型、性感型、竞争型以及母亲型等加以研究。最后，我们会将你的个性魅力特征分层梳理。你将了解塞壬们强烈个人风格的形成过程；她们叫人刻骨铭心的根源；以及无论床上或是床下，她们令男人兴奋癫狂的手段。最终，你会醍醐灌顶，明白自己该怎么做才能成为魅力无穷的塞壬。

我们的研究绝不肤浅轻佻。通往塞壬的旅程远非只为诱惑男人、获取爱情或是施展魅力。无论是公元前 1000 年，亦或是 2010 年，凡夫俗子的规则在塞壬身上并不适用。在某种程度上，这是因为塞壬拒绝接受对女性行为标准的约束。在她们看来，拒绝接受这些世俗的束缚，就意味着它们压根就不存在。但是，更确切地说：塞壬可以仰仗自己无人能敌的风格与魅力在男权社会中我行我素。塞壬们一声号令，世人莫不敢不从。你一定也想号令天下，对吧？

## 塞壬的源起

塞壬的故事源自古希腊，与历尽艰险的奥德修斯有着千丝万缕的联系。荷马史诗《奥德赛》全书 12 章，无一不在描绘这位英雄九死一生的旅程。我对《奥德赛》的记忆已模糊不清，皆因当年全仗着仓促间读完的克里夫斯笔记才完成了学校的作业。但有一点我确信无疑，那就是奥德修斯漫长的旅途无聊沉闷、艰苦卓绝。毫不夸张地说，他所面临的重重危机，你我唯有梦中才能窥见一斑。遭遇半人半鸟的神话人物塞壬，也不过是他经历的万千艰险中的一隅罢了。

奥德修斯的女巫朋友赛斯曾事先警告过他，塞壬的歌声具有致命的诱惑力。她们栖身埃阿亚岛与锡拉岩礁间西部海域的岛屿之上（现今意大利海域附近），对着来往海上的水手们轻吟低唱。她们的歌声魅惑无比，令水手们将自己的家庭、妻子统统抛到脑后，争相涌至这群海妖的身边。触礁之际即是他们命丧黄泉的一刻，无人能够逃脱。但奥德修斯听取了赛斯的建议，命船员们以蜡封耳，并将他绑在桅杆之上。这位英勇的船长并未堵住自己的耳朵，如此这般他就能一览塞壬的歌喉。他们毫发无伤地离开了那片海域。正如人们所言，此后的故事成了历史，或者说，发展成了经典神话。

## 塞壬的今朝

现今，塞壬一词意指令男人无法抗拒的女人。她是面多棱镜，性格神秘莫测。她未必能倾倒世间所有男性，也不可能无往不利，回回令男人臣服，但平均成功率依旧颇高。从埃及艳后到安吉丽娜·朱莉，我们熟知的许多尤物皆能迷倒众生。她们生活在我们之中，却鲜有人能认出她们。即使意不在此，但塞壬们依旧玩弄男人于股掌，令他们心碎，叫他们泪流，也让他们相残。塞壬翩翩而至，立刻吸引了所有人的注意，或者说，至少抓住了现场所有男人的心。她无需借助任何音符，就能叫男人响应这无声之歌的召唤，竭力攀至其身边，流连倾听。

成为塞壬并不等同于成为绝色美女、性感尤物，或是惹火辣妹。当然，若你恰是符合上述描述之一，也未必成不了塞壬。要成为塞壬，你不一定需要青春无限、穿着暴露或是打扮时髦。事实上，我想冒昧地说上一句：过于出挑的身材相貌有时反会妨碍你跻身世界级塞壬之列——特洛伊的海伦除外。对貌美之人而言，一切都得之太易了。任谁都会不由自主地优待长相甜美的人，因此，她们很少会花时间去思考如何增强自己的魅力，或是为了获得心仪之物该怎样谋划。可若是离了谋划之力，塞壬便一文不值。人格魅力才是塞壬令整个世界为之侧目，为之倾倒的倚仗。

自始自终，塞壬之歌的精华一直就在于其对异性的吸引力，美貌不过是它的一些点缀罢了。"对异性的吸引力不完全倚仗一个人的外貌。"演员多萝西·丹德里奇说的很对。"它关乎一种生命力，一种能量……这与你作为一个人时的所知所感有关。"戴安娜·弗丽兰在说这席话时，心中所指的也许就是塞壬，"你不一定非得貌若天仙，才能散发强大的吸引力。"塞壬名册中也不乏一些姿色平庸、身材干扁的女人，如温莎公爵夫人、交际花科拉·佩尔、歌手伊迪丝·琵雅芙等。这般人物，不胜枚举。

## 绝对信任你的诱惑之力

塞壬也许会对自己在其他方面的能力产生质疑，但说到令男人无法抗拒的诱惑力，她们总是自信满满。这种自信与生俱来，无法撼动，即便在天寒地冻的日子，也能让她迸发出岩浆般的炽热。毕竟，塞壬与芸芸众生一样，难免也会坏运连连，入不敷出，甚至偶尔也会败在其他塞壬的手下。好莱坞佳丽斯利姆·基斯的第二任丈夫就被深不可测的帕梅拉·丘吉尔（后来的哈里曼夫人）抢了去，而一位意大利公主则从帕梅拉的手中赢走了菲亚特继承人吉亚尼·阿涅利的心。对塞壬而言，耳边回荡的永远都是恋爱胜利的号角。她会将人生的低谷视作一时的反常，最终胜利才是绝对真理。

有些女性总会莫名地痴迷于自己的美貌与才华，她们自视甚高，甚至自觉能将世界玩弄于股掌间。即便是那些未被蒙蔽双眼的人也对其赞赏有加。这类人你一定见过。"她是如此美丽聪慧"，我常听人们这般评价我熟悉的一位女性。她本人绝对自信满溢。虽然这么说有些恶毒，但我留意到她的臀部简直与私人直升机场无异，而且她总喜欢对一些早已传烂了的事喋喋不休，好像那是她刚从门萨国际得来的消息一般。就没有人发现吗？可就是这位华盛顿某政治节目的女主播，将一位阿拉伯国王（而且颇具影响力）迷得神魂颠倒。他将昂贵的礼物献到她面前，其中就有一匹阿拉伯白色种马。世间哪个女人不想借一匹阿拉伯种马来证明自己魅力无穷，好好炫耀一番？对塞壬来说，积极的态度似乎能发挥出无穷威力。

若想成为一名真正的塞壬，你就必须狂热地相信自己魅力惊人，无人可挡。即便连你自己也觉得这疯狂至极，就仿若要使自己一夜之间成为一位红发女郎一般。为此，你得殚心竭虑，费尽心思地说服自己。你觉得这些"证据"毫无说服力？或是尚无定论？呃，若是这想，那你就没有抓住要领。我的意思是，重要的是自信本身。你不必遍寻证据来证明自己的魅力，而应该用你高度的自尊去创造魅力，即便你的自信只是装出来的。将一切视作一场表演，选择与自己角色相称的服饰，相信自己有能力令男人神魂颠倒。你会发现自己越来越自信，并且有越来越多的人被你的磁场所吸引。

## 不吝惜对男人的赞美之词

塞壬从不会说"男人的问题就在于……"，也不会热衷于那些暗示男人是低等生物的笑话（除非那些笑话实在是好笑）。她们的书架上也绝不会出现诸如《恨女人的男人和爱男人的女人》这类书。（是时候来场大扫除了吧？）事实上，塞壬显然是爱慕男人的。某个男人也好，整个男性群体也好，塞壬对男人的爱慕之情与宗教信仰无异，因此她们绝不可能对男人心生厌恶。实际上，她们对男人有着高度的认同感。既然受到这般推崇，男人自然会对这群魅力女性千依百顺，任凭她们摆布。可尽管塞壬爱与男人为伴，她却永远也不会选择变成一个男人。男人无法分享女性的所有欢愉，这叫塞壬们惋惜无比。

生活张开双臂，向塞壬敞开了自己的怀抱。迎接她们的是其中所有未知的变量，如男人。她尤为享受男人目不斜视关注自己时所获得的力量。事实上，她有些沉醉期间，塞壬的本性就是如此。若是将男人从塞壬的生命中抽离，她依然强大、迷人，不过是有些许不满足罢了。女权主义领袖格洛莉亚·斯泰纳姆曾宣称，"男人之于女人，就仿若自行车之于鱼儿一般，全无存在的必要。"可塞壬却会反诘说，"有双人自行车吗？要是有三人自行车就最好不过了。"

因此，把那些抨击男人的电邮都删掉吧。也别再去那些专注于控诉男人罪行的深夜聚会了。将男人视作自己的挚友与兄弟，正视他们的缺陷与长处。找个理由赞美男性，敲碎坚硬的外壳，给他们些甜头尝尝吧。如果说男人来自火星，而女人来自金星，那么，在塞壬的世界，这两颗星球早已融为一体。

然而，积习难改。若要你一改往日的态度，确实有些强人所难。听听我那位塞壬祖母传授的技巧也许能帮到你。我还是个小女孩时就发现，祖母对女性的要求比对男性严格得多，男人们因此捡了便宜。我弟弟只消将白胖的脸蛋在她面前晃一晃就能得到第一名的奖赏，而我若是无法妙语连珠，就会令祖母大失所望。十来岁时，祖母对我略施点拨："女人的情商与生俱来，男人却只有一颗迟钝的脑袋。"她让我觉得这一点似是不言自明，"不过，他们很讨人喜欢。尽量包容他们吧。"在她眼中，只有心灵与人际关系才最为重要。她认为女性的优势与生俱来，女孩子们应合理运用自身的优势。

## 拥抱生活

不管是怪人、名流、性感尤物，还是学者、缪斯、母亲，或是罪犯的姘妇，塞壬都能潇洒地享受生活。塞壬皆能以各自独特的方式拥抱生活，并打定主意彻底享受生活中的方方面面。当已近古稀之年的伦道夫·丘吉尔夫人（温斯顿·丘吉尔的母亲）被问及她博取年轻男子欢心的秘诀时，她答道，"我爱生活，也爱人类。"臭名昭著的名妓洛拉·蒙特兹临终前说，"我已经知晓了这个世界可以知晓的一切！"

也许她必须依附于一个男人才能生存（这在 20 世纪前司空见惯），但这位塞壬充分利用了大千世界中属于自己的一隅之地，以一种惊心动魄的方式将其妆点一新。我想讲讲玛格丽塔·格特鲁德·泽尔的故事。这位 20 世纪初的尤物后来成了间谍玛塔·哈里。玛格丽塔自幼父母双亡，寄养在亲戚家中。年纪轻轻的她嫁给了荷属西印度群岛上一个性情暴戾的陌生男人。后来，她改头换面现身巴黎各大沙龙，被誉为"来自恒河神庙的神圣舞者。"她活得潇洒，死得凌然。一战期间，玛塔·哈里被诬陷犯有叛国罪。临刑前，一身盛装的她微笑着向行刑队士兵献上飞吻。一名士兵当场晕倒，另一位则对她大加赞赏。"见鬼，这位女士知道如何面对死亡。"此外，当代的塞壬，歌手蒂娜·特纳的活力与富有传奇色彩的个性也叫人望尘莫及。

不妨冒点被拒绝的风险，别再管无关紧要的细节。记住，唯一能令你心生恐惧的，不是恐怖本身，而是你自己。即便税务审计师正在按响你家的门铃，也请张开双臂拥抱生活，就像刚刚收获了一笔意外之财一般。开始任何你打算着手的项目：列出大大小小，所有能让生活变得更美好的事物。要不了多久，你会发现自己如《音乐之声》中那个疯狂的修女玛利亚那般快乐（不过你绝对会遏制住自己的冲动，不把窗帘缝成孩子们的游戏衣）。

为了能让你尽快入门，我（以塞壬的风格）列了一些建议，希望能帮助你过上更加美好的生活，建议的先后与其重要性无关哦：

1. 穿上能给你带来自信的新衣。

2. 去颇具异域风情的地方旅行，开阔眼界。

3. 找到一个深爱你的人。为博你一笑，他甚至会不惜将自己当做笑料。

4. 明白自己的一技之长，即使只是能将床铺收拾得干净整齐。

5. 读一些能带你远行，又叫你受益匪浅的好书。

6. 将现实与理想视作海洋与高山。

7. 努力拼搏，取得佳绩。

8. 维系一份长久的友谊。

9. 意外被某事感动。

10. 品味能令你心情大好的食物，哪怕只是枣味软糖配爆米花。

# 原型的魅力

伊娃·贝隆如何俘获了整个国家臣民的心？格丽泰·嘉宝当真想独自生活吗，还是说她只是在吊追求者的胃口？许多人都想知道，帕梅拉·哈里曼究竟凭借着什么，在与风韵盖过她的女人的争斗中技高一筹？归根结底，她们的魅力源于各自所属的原型。

毋庸置疑，塞壬们个个骄傲无比。可她们就如同底座坚实的跑车，原型也是各人发展个性的坚实基础。塞壬的原型可归为五类，女神型、伴侣型、性感型、竞争型与母亲型。这五大类可大致对应男性（在食宿无忧的前提下）的原始心理需求。若你对我的分类心存疑虑，那就想想受人吹捧的慈母形象吧。无论进化到何种程度，男人始终都是一群渴望得到母爱的孩子。这一点在他们心中根深蒂固，如同女人生来就期盼着能有父亲般的"白衣骑士"翩翩而至。

除了需受呵护之外，男人还需要与人沟通、满足占有欲，以及勾勒梦想的蓝图，就更不用说发挥创造力与繁衍子孙了。塞壬未必对自己的能力了如指掌，但她们能在某种程度上满足男人的这些原始心理需求。

虽然每位塞壬的主导原型只有一个，但她可以借用其他类型的特征，在自己身上显出各类原型的影子。例如，女神型塞壬的心中也可以住着一位竞争型塞壬。她甚至还可以更为多才多艺，在必要的情况下，可以相夫教子。而所有类型的塞壬都清楚应在何时激活心中隐藏着的性感原型。塞壬绝不会在困难面前畏缩不前。这般天赋与能力得益于她总能设身处地为男人着想，也源自于她能自如运用这些原型的与生俱来的直觉。然而，男人若是为女神型塞壬而倾倒，那吸引他们的多是该原型的主导品质，如她的神秘莫测或超凡脱俗。以下章节将以世间最负盛名的塞壬为例，来探究这些原型。颇具潜质的塞壬们可以从这些专家身上获益良多，并且也应该借鉴她们的处世之道以实现自身目标。

# 女神型

　　谁未曾品味过求而不得的滋味？若是心心念念的男人能知道我们的存在，我们的人生即能完满。只有身入此局的人才能真正体会求之不得会带来几多痛苦，几多欢乐。若女性尚且为此辗转反侧，男人就更会为此茶饭不思了。女神型塞壬总将自己的一部分藏在男人无法触及的地方，藉此勾起他们的欲望。即便他们想要挣脱她的束缚，却始终无法成功。我对某个男人提不起丝毫兴趣时，才是我最像女神型塞壬的那一刻。这招极为精妙，每每都能令我大开眼界。我初尝个中滋味是在 16 岁，与父母一同出游的时候。其间有个男孩全然未能抵御住我的魅力，而我自然是对另一人一见钟情。在我眼中，他只是个卑微的服务生，可这反倒叫他对我生出了更为炽热的情感。临别前的那晚，我拒绝与他吻别。我事后得知，他竟是被我的"独立"所征服。若我对他也有好感，他也不会痴迷至此了。

　　女神型原型并不以性感取胜，她的秘密武器是距离感。她让男人深信，世间确有完美女性的存在。当然，只要她一天无法完全属于他，这个梦就会继续演绎得美轮美奂。女神也需要吃喝拉撒，与普通人无异，但她有自由超凡脱俗的一面。若他是个梦想家，她就是那个美妙的梦幻本身。倘若女神自己也醉心其间，两人便能共舞一曲。

女神型塞壬的超脱与生俱来。许多塞壬都会表现出一些女神风范，尤其当她们觉得自己并未获得应有的尊重时。事实上，女神型塞壬所做的就是我母亲建议的欲擒故纵。塞壬自觉与众不同，并对此深信不疑。她们甚至无需男人来告诉她们这一点。可她们偶尔也会觉得有必要提醒男人，她们的与众不同弥足珍贵。伊娃·贝隆可以说是女神型塞壬中的老前辈了。

## 塞壬实例：艾薇塔·贝隆

"这名女子外表柔弱却声音坚定，一头金色的长发随意地散落在肩头，眼中溢满了狂热。"胡安·贝隆早已坠入情网，这位浑身洋溢着摇滚明星般魅力的阿根廷上校写道，"当时她说自己叫伊娃·杜尔阿特，在电台工作，想要帮助人们……她音容笑貌深深令我为之倾倒。"

听众曾调侃过伊娃·杜尔阿特在播音室流露出的浓浓乡音。1944 年贝隆初见她时，这位后来的"金发女郎"的头发其实青丝如黛。但出现在贝隆回忆录中的伊娃却与此截然相反。你可能会说他被爱情冲昏了头脑，但奇怪的是，艾薇塔就仿若驾着白马翩翩而至的女神，叫一众男性意乱情迷。她面色苍白、不苟言笑、未受教育，因此只能使出自己唯一的资本——天赐般的不可思议的力量。

诚然，伊娃·杜尔阿特的故事堪称传奇，绝对是百老汇音乐剧及电影的上佳题材。伊娃飞上枝头变凤凰，叫人觉得她的人生是场由罗宾汉与坏女巫共同出演的神话故事。伊娃是阿根廷内陆一个贫寒家庭的私生女，从小便在落魄的生活中摸爬滚打。从高级交际花到三线演员，再至阿根廷劳动部长胡安·贝隆的情妇，在布宜诺斯艾利斯的十年间，她的地位不断上升，最后甚至一手策划了政变，将贝隆推上了阿根廷总统的宝座。若是将杰奎琳·肯尼迪的魅力翻上两番，大抵就能够说明人们对艾薇塔的追捧了。她是阿根廷永远的第一夫人。后来，33 岁的伊娃因罹患卵巢癌与世长辞，令世人唏嘘不已。在她死后多年，阿根廷曾试图使这位女神如圣人般重生。

有人说艾薇塔靠出卖色相才爬到了国母的位置。诚然，她确实费尽心机、精挑细选了各色甜心爹地来为自己的事业铺平道路。但若单凭色相便能成就这一切，那么任谁都能取代她的地位了。那么，她究竟对男人施了什么魔法？事实上，艾薇塔既向情人们大抛媚眼，也不忘对民众施展魅力。她甚至将后者称作挚爱的无衫者。我们很难在这两种诱惑之间画出明晰的界限，因为她在其中使用的手法如出一辙。她会对自己钟情的对象慷慨付出，投入宗教信仰般的热情。这在虔诚的天主教国家显然占了赢面。同时，她也塑造了自己天之娇女的形象。她弱不禁风的外表尤其凸显了这一戏剧性的角色。"只有臣服于理想，生活才真正有价值……"艾薇塔一边调大麦克风的音量，一边演讲道。"我绝对支持贝隆和无衫者。贝隆是我们的神，是我们的太阳和空气，也是我们的水源与生命。"这就是她对自己钦慕的男人的评价。

这般宗教式的虔敬投入使艾薇塔很快从一名殉道者摇身变成了人们眼中的女神。细细想来，也许这也是她自我炒作的手段。这位珠光宝气的第一夫人安坐于布宜诺斯艾利斯市中心自己富丽堂皇的办公室内，聆听朝圣般访客的心声，并倾尽富人的金库以满足穷人的心愿。男人们甚至双膝跪地，在她途经的路上以花瓣拼出她的名字。她的相片悬在所有工薪阶层的家中，犹如主食一般，不可或缺。艾薇塔凭借着华丽的辞藻、夺目的外表与精心策划的举止，营造了一种氛围，让人觉得她只是在执行上帝的旨意罢了，而且多数人对此深信不疑。

## 艾薇塔的必杀技

幸运的是，你不必为了修炼成女神而特意跑去某个拉美小国，而且她在发动政变中所运用的各种技巧也许可能为你所用。艾薇塔短暂放纵的一生或许并不值得我们效仿，但不可否认的是，在如何拴住男人的心却又与他们保持距离这门学问上，我们确实能从这位阿根廷前第一夫人的身上学到不少经验。这其中的核心之道，就是将自己化身成男人的遥不可及的梦中人。这一招至今仍然屡屡奏效。下面便是她的绝招：

### 第一课：更上一层楼

正是由于站在了布宜诺斯艾利斯的高处，艾薇塔的形象才能如雕像一般深入人心。一位遭到罢黜的厄瓜多尔总统曾在援引伊娃的成功时说道，"若能让我站上每个市镇的阳台，我就能赢尽民心。"艾薇塔深知，只要站得比民众高，便可获得巨大的威力。女神型塞壬总力求在生理和心理上均占据上风。若你生就一副姚明般的身板，就占尽了明显优势；如若没有，便可寻高处而立。也

### 艾薇塔宁死也不会做的 11 件事

1) 穿舒适的鞋子

2) 酩酊大醉

3) 泄露出身

4) 对人说"坐下，我来…"

5) 倾诉衷肠

6) 赌马厮混

7) 购买促销商品

8) 做家务

9) 讲笑话

10) 袒露不加修饰的真话

11) 不拘礼节

许你早已留意到，女神出场时，或是倚着椅子的扶手，或是随意靠在桌子的边缘，但谁都不愿安静地守在椅子旁。只要屋内有任何形式的台阶，她们定会登上那里，任何能将她们置身喧嚣的纷争之上的高台都行。而当她们步入人群时，则会演变成一件非同寻常的事件，仿若一位尊贵的公主决定屈尊与臣民共度一日。

换上 12 厘米的恨天高，将头发高高盘起。在家里修个阳台，找段能款款迈步的楼梯，或是将家安在山上。除了施工升降台，只要能让人在抬头看你时，免不了颈间的抽搐，任何可以登高的物件都能借之一用。要谨记永远站在高处。便是再娇小的女神，只要能昂首挺胸、高扬下巴，自会尽显皇家风范。

## 第二课：营造不确定的氛围

没人知晓每天早晨艾薇塔会从床的哪侧起身。她少女般的情绪波动令身边的人个个小心翼翼，生怕行差踏错。罗马教皇皮乌斯十二世曾拜会过艾薇塔。虽说让尊敬的教皇大人久等极不礼貌，但去叫醒性情多变的第一夫人的任务却更令人惶恐。她发起火来可不是闹着玩的。伴君如伴虎，伺候在艾薇塔身边的人也许会被放逐到乌拉圭，但也有可能受到诸如一个漂亮时髦的新家之类的莫大赏赐。

也许你会想要适度地模仿贝隆夫人，因为所有的女神都认为自己有权放任自己的情绪跌宕起伏。男人预备好接受一场暴风骤雨时，她们可以表现得温柔似水，但偶尔她们又会没来由地大发雷霆。怪就怪在，男人尤其中意那些捉摸不透的女人。不过，你的目的是激起他们心中的些许敬畏之情，让他拿不准，因此不必玩得太过火。你若是稍具挑战性，男人们便会对你推崇备至，但你若是根本无法取悦，他们就会失了兴致。

找个借口轻松回绝一次晚餐邀约。今天爱吃鱼子酱，下个月就对它深恶痛绝。一周不接他的电话，因为你需要"思考"一些事。随后就奉上大堆礼物与大把赞美之词，叫他们摸不着头脑。不过千万要注意，若是你对情绪的掌控出了偏差，就会让自己看起来像是患了严重的经前综合征，这可不是什么好事。成功的女神知道何时该适可而止，不论何时，她总能以优雅迷人的风姿示人。

### 第三课：为了成功，盛装打扮

"你可不是真正的'无衫者'哦。"胡安·贝隆眨眨眼，意指艾薇塔挂满名牌服饰的衣柜。1947年访欧时，她在美发师和裁缝之外，还足足装了64套礼服及精挑细选的"华丽"珠宝。盛夏时分，她也会在肩头披上一件及地的水貂外套。别人劝她莫要冲动时，她却对自己的哲学振振有词。"瞧，他们希望我风姿卓绝。既然他们对我有遐想，就不该让他们失望。"

显然，不是非得戴上皇冠才称得上是女神型塞壬，不过她的外表一定得有"女王范"。这个中的奥秘就在于细节。一两件价值不菲的珍品不可或缺，它们仿若在向世人昭示"我花了百万美元"，至少也不会透露出"这种便宜货，我一口气买了四件"的信息。一颗黑珍珠或是衣领上的一抹白貂皮能让你身价倍增。虽然邀请函上会说穿着随意，但你可千万别当真了。

除非你双腿修长，不然就得靠服饰来突显高贵。要选那些奢侈的面料，而非耐热水洗涤的材质。选择奥斯卡·德拉伦塔和香奈儿这类更为端庄的品牌，而非性感的范思哲或杜嘉班纳。如果下身穿了牛仔裤，那就搭配一件价值1000美金的上衣。

### 第四课：言辞谨慎

艾薇塔掌权后，有关她私生女的所有记录立刻就神秘消失了。官方公布的她的早年经历读起来就像个神话："如维纳斯一般，……伊娃·贝隆生于大海。"她的自传《我生命的意义》只字未提孩提时代的细节，提及自己时，她总是辞藻华丽。有时，女神型塞壬会用假想代替现实。用她们的话来说，"无论是虚构还是现实，改变永远为时不晚。"

不是说女神型塞壬就必须信口雌黄，你只需对那些需要费力解释的事实闭口不谈。如果不得不面对，就用你独特的塞壬思维进行诠释。失业？不，亲爱的，我只是在等待下一次机遇；十年前曾被控涉毒？这不过走向心智成熟的道路上一次狂野尝试；离过太多次婚？你可以说自己天生多情，在尚未完全了解对方时就爱上了他。女神型塞壬总是喜欢往自己脸上贴金。

## Tips

### 艾薇塔的秘密档案

1) 因不愿与人分享贝隆，她曾将贝隆的情妇撵出屋子。

2) 她曾做过丰胸手术，但从不袒胸露背。

3) 她曾在一系列广播剧中出演过如凯瑟琳大帝、伊丽莎白一世和莎拉·伯恩哈特这般的超级塞壬。

4) 她总爱佩戴标志性的兰花胸针，这个长 17 厘米，宽 12 厘米的胸针上镶满了珠宝。

5) 罗马教皇曾以女王的标准礼节高规格接待过她。

6) 她的尸体经过细致的防腐处理，在被反对派劫持 16 年后依然保存完好。

虽然现代人做起来难免有些困难，但女神应避免言辞粗鲁。试试皇室的口吻，或是模仿经典影片中的女星。"你 TMD 能把这垃圾扔出去吗？"这可不行，你要说，"可以劳驾您把垃圾扔了吗？"顺便提一句，若你尚未经人事，就该说"在激情中苦苦挣扎"。虽然用词多了一倍，但绝对会带来额外的收益。

## 第五课：保持沉默，营造神秘感

艾薇塔并无闲话家常的天赋，不过就女神塞壬而言，通常是话越少越好。她出人意料的沉默会令人们心生紧张，因而极力去讨她欢心。她若想引来满屋男性的关注，就会选择缄口沉默，而非喋喋不休。要不了多久，男人们都会按捺不住地揣度她心中的所想。葛丽泰·嘉宝和杰奎琳·肯尼迪就是靠着这一招将自己的职业之路越走越宽。确切地说，杰奎琳从未开过金口，她总在窃窃私语。

女神将想法藏在心中秘而不宣，留给人们无尽的遐想，也把自己与一群聒噪的话匣子划清了界限。她究竟是在思考更为重要的事情，还是只是想独自静静？她永远也不会将答案透露给你。

女神型塞壬尤为擅长让追求者们对自己加倍痴迷，而出了名的沉默就能为这一效果锦上添花。她的一句话或是一个姿态本可令人宽慰，但有时她却对此极为吝啬。"你觉还行吗？"他问道。"噢，大概吧。"她漫不经心的回答叫他摸不着头脑，不明白到底是何处出了纰漏。因此，默不做声的女神型塞壬变成了为数不多的能令男人难以释怀的女性。

## 突击测试：你属于女神型塞壬吗？

　　你有成为女神型塞壬的潜质吗？请思考以下问题。如果你的肯定回答不少于八个，那就说明你已经上道了。

　　1. 其他人过度关心你对事物的感受吗？

　　2. 你对俱乐部、小组或是其他团队活动毫无热情吗？

　　3. 你十分讲究品位吗？例如，你总会拒绝在餐厅进门的第一张餐桌落座或是宾馆的一楼最顶头的房间就住吗？

　　4. 你喜怒无常、性情多变吗？

　　5. 男人常认为你柔弱不堪、需要保护吗？

　　6. 你比其他人更享受沉默的时光吗？

　　7. 你是否觉得等着被人伺候是种理想状态？

　　8. 你明显不是个假小子吧？

　　9. 你喜爱掌控一切吗？

　　10. 你喜爱独处吗？

　　11. 你觉得自己与众不同吗？

　　12. 你喜欢盛装打扮自己吗？

# 伴侣型

　　她是高中里的啦啦队员，大学中的派对女郎，而现在则很可能是某位成功男士背后那个令人生畏的女人。伴侣型塞壬是他的好友与拥护者，也是随时可以陪他一起开怀大笑的女孩。若是说她总能发现未经打磨的钻石，其实秘诀很简单：在她眼中，每个男人都是那块未经打磨的钻石。她会奋不顾身地扎入爱河，一路颠簸，却乐在其中。

　　我的母亲就是一名伴侣塞壬，这是成为企业高管夫人的核心素质。的确，我的父亲在作出任何决定前必会事前请教他的女祭司的意见。我的母亲是他决策上的导师，无论是非同寻常的重要交易还是风雨欲来的巨大灾难，她的判断都分毫无差。她的大批追求者们对此有着切身感受。寒冷的周末午后，我常发现她躲在书房中，手握冰凉的马丁尼鸡尾酒，与一位绅士侃侃而谈。我的母亲对谈话总能无比投入，连续几小时欢快地与人出谋划策。人们会问他们之间"发生"什么了吗？除开那人偶尔望向她的炽热目光之外，我猜一切正常。

　　无疑，伴侣型塞壬很性感，但她首先是男人的朋友。如果他最近运势不佳，她就会闪着大眼睛，怜爱地摇摇头；若他想下西洋双陆棋或喝点杜松子酒，她就会熬夜奉陪。要说她比其他人更容易博得他的欢心，那是因为她就像条变色龙，可以随时变换色彩，然后又恢复原样。她的王牌就是与男人间的共鸣。她正是藉此与异性建立起了极为重要的亲密关系。有些男性在面对变幻莫测的女性时会倍感困惑，伴侣型塞壬却能让他松上一口气。这也是伴侣型塞壬深受男人欢迎的原因。她滋润了男人的心，而不是在情感雷区设下障碍。

你若是有志于成为伴侣型塞壬，就需向特立独行的珍妮·杰罗姆——温斯顿·丘吉尔的母亲——讨教恋爱的经验。

## 塞壬实例：伦道夫·丘吉尔夫人

"我跟您提起过那位姑娘，若我能娶到如此佳人，"痴迷的伦道夫·丘吉尔在给父亲马尔伯勒公爵的信中写道，"她尤为关注我的前程与事业，若我能得妻如此……我想我或许……无往不利，并取得远超出您期望的巨大成就。"

又是一个一见钟情的故事。丘吉尔在写上面那封信时，与珍妮在英国怀特岛附近的游艇派对上相识不过几日。珍妮是美国人，一头秀发乌黑闪亮。两人间如同天雷勾动地火，她为丘吉尔的巨大潜力所折服，而丘吉尔则对她的勇气及对自己的赏识倾慕不已。珍妮的直觉十分准确。婚后二十年间，伦道夫一路平步青云，从议会成员升至财政大臣。若不是因为在妓院染上梅毒导致神经错乱，他甚至还可能成为首相。他的风生水起出乎多人的意料。他早期的讲稿均出自珍妮的手笔，她还为他组织了政治社团与集会，与首相、国王保持密切来往。

珍妮·杰罗姆生于纽约布鲁克林区。母亲是克莱拉·霍尔，父亲是伦纳德·杰罗姆。伦纳德先后出任过律师与外交官，后来转型成了"华尔街之王"。伦纳德痴迷于女人与音乐，常常在具有音乐天赋的女人身上沦陷。还没等克莱拉回过神，他就以歌剧天后珍妮·林德的名字为自己最心爱的女儿起了名字。在法兰西第二帝国时期，克莱拉抛下丈夫，漂洋过海，带着女儿们先在巴黎安了家，而后又搬到了伦敦。年轻的珍妮凭借自己美国式的活力迅速在伦敦点燃了燎原之火。新闻界称其为"职场佳人"。她就像当今的名人一样，时刻被狗仔队穷追不舍。在匆匆交往了各色贵族子弟后，19 岁的珍妮选择了伦道夫·丘吉尔。

她"与众不同、光芒四射、七窍玲珑、情感炽热"，政治家达伯农勋爵对珍妮的评论捕捉到了她作为塞壬的无限魅力。她在"发辫中编入了一颗钻石，那是她最爱的饰品。但在她炯炯有神的双眼面前，钻石的光芒也黯然失色"。"那是黑豹，而不是少女的眼神，"达伯农接着写道，"但那其中却闪烁着丛林中不可见的教化……她以生活为乐，并真心希望与人分享自己对生活的乐观信念。这是她成为众星拱月的焦点。"

伦道夫的政治亲信几乎都对她心存爱慕之心。情深款款的字条与礼物雪片般送到她的面前。珍妮则将这些爱慕者都变成了自己的朋友，借他们之力，为自己的丈夫开拓事业。"告诉我，亲爱的，你为伦道夫谋到了什么职位？"发现珍妮同首相本杰明·迪斯雷利套近乎后，威尔士亲王（后来的爱德华七世）略显愠怒，"我现在坐在某某人身旁，本来我们的座位是挨着的。"海军大臣阿瑟·贝尔福在字条上的署名是："您可怜的仆人。"

男人们多多少少都在珍妮的身上看到了自己的进取心，但这两者间又不尽相同：她可与他们比肩，她与他们一同驰骋围场、尽情豪赌，并在女士能被允许的范围内尽可能密切地关注议会动态。然而，她极为享受幕后推手这一角色。她是永远的伴侣型，不会涉足竞争本身。夜幕降临后，她会换上女人味十足的锦缎，在与男士共进晚餐时，诙谐幽默，妙语连珠。据她的侄女回忆，她从不掌控话语的主动权，但却是"发起话题的高手"，能让男人顺着她的思路侃侃而谈。"珍妮离开前，能在每间屋子都留下她的印记。"

　　我们的女主人公自身也颇为建树非凡。她创办过文学杂志，参与其编辑工作，也撰写过戏剧与行销的回忆录。但她最得意的作品还是她的男人们。伦道夫死后，她又相继嫁给了乔治·康沃利斯·韦斯特和蒙塔古·保时这两个年纪只有她一半大的小情人。经她调教之后，两人后来也都成了铮铮男儿。她尤其宠爱大儿子温斯顿，尽心辅佐，为他在议会中的风生水起增添助力。"她很清楚温斯顿的脾性，"侄女写道，"性情急躁、野心勃勃、渴望声名……"她吹嘘自己能活到80岁。但67岁那年，脚踩意大利高跟鞋的珍妮跌了一跤，最终因并发症与世长辞。她离世的方式也独具塞壬风格。


"为了能快乐地生活，你必须拥有值得爱的人，找到值得做的事，描绘值得期盼的未来。"

——伦道夫·丘吉尔夫人

## 珍妮·丘吉尔的必杀技

在伴侣型塞壬看来，她既能与男人在通往成功的路上同行，又无需忍受男人所承受的巨大压力，可谓两全其美。一路走来，她所收获的友情与爱慕也数不胜数。她如何维持这种微妙的平衡？珍妮的经验可以概括成如下五个方面。

### 第一课：发掘他的闪光之处

1873 年，珍妮初遇伦道夫时，他俨然就是维多利亚时代的罗杰·克林顿——无所事事、终日酗酒、仰仗家族声誉过活。而且她的姐妹们也急切地指出，伦道夫一双鱼泡眼滑稽可笑，还口齿不清，上唇的小胡子浓密杂乱。而且，作为马博罗公爵的次子，可怜的伦道夫居然连一份体面的收入都没有。他的前途一片黯淡。你想说"换人"吗？珍妮可不是这么想的。她耐着性子在甲板上待到舞会结束。伦道夫的舞姿极为笨拙，"总也跟不上众人复杂的舞步"。但珍妮觉得他尖锐机智、聪慧异常。首先，他觉得她很可爱，这说明他的品味不同寻常；其次，他拥有爵位；最后，她有一种神秘的预感，觉得他必定会飞黄腾达。在别人的眼中，他一身臭毛病，可珍妮却在他的身上发现了巨大的潜力。

有志成为伴侣型塞壬的女性未必就必须忍受愚蠢的男人，至少不必装作满心欢愉的样子。但珍妮在深入审视男人时，关注的是其性格中积极的美德。"将你的朋友，"当然还有你的男人，

"想象成一幅创作中的杰作。"珍妮说，"以最好的光线将他们呈现出来。"你应关注的是他的美好心灵，而非纠结于他无法写出语句连贯的书信。或许他进餐时粗鲁得像个野蛮人，但也许他会对你关怀备至。因此，作为塞壬，无论身处何处，你都该赞赏他的才华。伴侣型塞壬对他尚处于萌芽阶段的禀赋深信不疑，她甚至会成为那个拥有从龙之功的人。而男人自己也清楚，若是离了这个女人，自己的成就怕是只及现在的一半。

### 第二课：分享他的激情

要知道，珍妮每天都会花"一个小时甚至更长的时间……来阅读报纸"，并在爱人的建议下，如饥似渴地读完了吉本论述罗马的大量著作。若你与角斗士为伍，我们的塞壬也许就会建议你，万不能因为你无从体会他们杀死狮子时的快感而即刻举手投降。伴侣型塞壬会帮他们磨利刀锋，收集、分析当权者的信息，并且订上一份《刺刑月报》。

你并非就要因此放弃自己的生活安排，而是说你该去了解他真心喜欢的东西。不要只是轻描淡写地问一句，"亲爱的，外汇情况怎么样了？"要多读财经版块，形成自己独到的投资策略与理念。如果他痴迷于汽车发动机，那你就该了解一下什么是化油器。倘若他喜欢织毛衣？那就帮他卷线团吧。当然了，这类人甚为稀有。如果男人需要通过共做一事来维系彼此间的情感，那么，伴侣型塞壬就可以推断说，为何女人不能加入其中呢？并肩作战岂不是最佳的办法吗？

## Tips

**珍妮宁死也不会做的10件事**

1) 说话是总以"你的毛病是……"开篇

2) 总是看到别人的不足

3) 赖赌债

4) 大打同情牌

5) 错过派对

6) 因其鼾声如雷，而一脚将他踢下床去

7) 没有勇气面对挑战

8) 自顾自喋喋不休

9) 周末时独自躲在家中

10) 抱怨生活无聊至极

## 第三课：让他发光

男人"不太可能对刚在网球场或高尔夫球场上胜过自己的女孩充满柔情蜜意"，珍妮写道。虽然在我外出与人打网球时（自娱自乐的锻炼而已），母亲就曾强烈建议我"让男人赢一场"，但珍妮也不会在比赛中刻意放水。她会把自己塑造成富有吸引力的笨蛋，散发出让人放松戒备的迷人魅力。她轻而易举就能掩起自己逼人的危险锋芒，并成为调侃自己的幽默大师。

她勇敢进军肖像绘画界，且成就惊人，却常说"模特们"成了自己作品的"牺牲品"。她在一封信中写道，自己的第一幅油画"曾被一位尊贵的朋友误认作是一幅优秀的羊毛刺绣作品"。忆及赌博时的手气，她忍俊不禁："终于有人肯为了钱而娶我了。"

伴侣型塞壬不会刻意追名逐利，而只会恰如其分地说一些自嘲的笑话，或是轻描淡写地把成就归功于运气。如有必要，她会故意在比赛中放水，因为对她来说，输赢并不重要，她倒更愿意成全对方。她生性便愿与人分享荣光，因为她觉得这样更有乐趣。

## 第四课：苦中作乐

与伦道夫的婚姻注定无法拥有童话般的结局。梅毒使他的情绪起伏不定，长期旅居国外造成两地分居，说不定他对年轻男子也有着极大的兴趣。前途堪堪明朗些时，他往往就会做出些傻事，毁了来之不易的一切。比如，向王室成员挑衅，邀其决斗，说不准他就会因此长眠爱尔兰的地下。"生活不如意之事十之八九，"珍妮写道，"通往快乐的唯一之路就是尽力而为。"她没有对爱尔兰阴沉的天气抱怨不休，而是组织起晚餐派对，奉上各种热门话题来自娱自乐。珍妮有过灰心丧气的时刻吗？也许偶尔也会有，但外出购物或是荒野兜风过后，她就能重新振作。"与珍妮一同外出从不会感觉无聊，"一位仰慕者写道，"她灰色的眼眸总闪烁着生活的愉光。"

伴侣型塞壬总能积极应对各种艰难处境，化腐朽为神奇，为自己以及身边的每个人带去一段奇妙而美好的经历。当她的团队士气不振时，伴侣型塞壬会千方百计为大家加油鼓劲。她可以将一次意外停电变成一场休闲集会，使失败的餐点成为一次尝试新餐馆的机会,把某次失礼之举演绎成自我贬低的有趣故事。小小的欢乐,却有着大大的意义。她对生活的热情更是增添了她的性感魅力。

## 第五课:随时能找到你

高冷的女神型塞壬因遥不可及而尽显诱惑。彪悍的竞争型塞壬在赢得男人的心后便会转身离去。而伴侣型塞壬展现的则是真实的自我,因此越快抓住她越好。她希望男人知道自己会始终为他守候,而不是玩些躲猫猫式的小把戏。

珍妮几度披上嫁衣,无论婚内婚外,年轻貌美或是年老色衰,她的仰慕者始终不计其数,而这些无一是通过欲擒故纵的伎俩得来的。她从不知腼腆为何物,若是爱上了某人(不过这不常见),她就会跳上下一班火车赶去见他。在某次周末私人聚会时,因等不及乔治·康沃利斯·韦斯特狩猎归来,她匆匆赶至了围场。她曾沿尼罗河而上,只为投入"美人"拉姆斯登的怀抱。为与英俊潇洒的康特·金斯基深情一吻,她也曾在深夜踮起脚尖,溜出后门。在与伦道夫相识三天后,两人就订了婚。你是否会说,太过草率了?当时大多数时髦的伦敦人也都做这般想,但珍妮又有何所惧?情到深处,爱自难抑。

顺便一提,跟踪并非明智之举。《致命诱惑》可不是什么发人深省的故事。可一旦伴侣型塞壬因伴在其左右而获男人的仰慕,就不可能忽然离去,除非他确实待她不公。塞壬的自信坚不可摧。她始终相信男人渴望得到她的一切。除非另有所约,不然她不会因最后一刻才收到邀请而闷闷不乐。下午要飞去巴黎?护照早就备好了。至于晚上 11 点的晚餐，她会说，难道还有别的法子吗？

## Tips

### 珍妮的秘密档案

1) 左腰缠绕着时髦的蛇形纹身

2) 自称具有易洛魁人的血统

3) 宴请宾客时爱用粉色灯泡，这样客人们就能沐浴在讨喜的光芒中

4) 认为在讲黄色笑话（她讲了很多）时使用露骨言语的人品位太差

5) 谨遵母亲的教诲："亲爱的，不要责备男人。不然，他就会去不责备他的人那里。"

6) 办起了"曼哈顿"鸡尾酒会。该酒会是 1874 年，她为支持塞缪尔·提尔登竞选纽约州长而办的

### 突击测试：你属于伴侣型塞壬吗？

你一定知道自己是忠实的朋友，但你属于伴侣型塞壬吗？请思考以下问题。如果你的肯定回答不少于八个，那么，恭喜你，你的确是块伴侣型塞壬的料子！

1. 你喜欢团队合作吗？

2. 你将男人视做好玩伴吗？

3. 你觉得自己自然随意吗？

4. 你善于组织活动吗？

5. 你更偏向外向型吗？

6. 你在与男人相伴时更觉舒适自在吗？

7. 你是乐观主义者吗？

8. 你讨厌错过参加派对的机会吗？

9. 人们觉得你值得信赖吗？

10. 你善于洞悉人心吗？

11. 你喜欢"玩弄男性"，即同时与多个男人保持关系（不一定非得是恋爱关系）吗？

12. 你渴望与人建立亲密关系吗？

# 性感型

若男人的脑海中满是性爱，那么性感型塞壬就是他的梦中情人。只要她一现身，其他美女便再无半点机会。她是备受推崇的魅力女郎，能勾起男人心中的无限情欲，让他们急不可耐地想一品甘美多汁的人间禁果。性感型塞壬的原型是"乖巧"女孩，无需一言一语，便能调皮地叫男人对床笫之事无限神往。偶尔，她也会卖弄风情。

我的大学室友葆拉其貌不扬，她脸似巴赛特犬，臀若圆润玉珠，勉强值得称耀。可即便并非天生丽质，她却依然是一名真正的性感塞壬，这也证明了徒有其表并无法成为塞壬。她的身上散发着一种成熟、开放的、性感的味道，叫男人难以抗拒。她还常表现出洋娃娃般的天真，更让男人生出保护她的冲动。有百位仰慕者，就会有百种性感塞壬。有人视她为缪斯，能激发自己创作出一系列恐怖的具有中世纪风格画作；也有人确信，她终将为他延续家族香火。事实上，葆拉是医学预科生，在她糊涂的头脑中隐藏着成为足病科医生的远大抱负。

然而问题是：性感型塞壬唤起情欲的功夫是如此了得，男人头脑中所有理性的思考往往会被她们颠覆。她的"天真无邪"总能唤起男人怜香惜玉的欲望，引出他们内心的皮格马利翁。然而，性感型塞壬也不免会落入庸俗老套、滑稽可笑的路子，沦为男人成全内心童话的工具或载体。因此，性感招数的使用须有节制，就像耳后一抹若有似无的香氛。要记住，若不加以节制，性感型塞壬的魅力将难以维系。在这方面，还能找到比玛丽莲·梦露更合适的榜样吗？

## 塞壬实例：玛丽莲·梦露

"她的身上有种闪闪发光的特质，"她的朋友在她身后说道，"那是一种混杂着无尽渴望、迷人光辉以及无限向往的特质。这一切令她与众不同，又让人人都趋之若鹜，分享她那孩子般的天真。"

啊，玛丽莲啊！母亲患有精神疾病，父亲素未谋面。年幼的玛丽莲辗转在寄养家庭间，渴望被爱却一无所获。若非在 13 岁出落成着傲人身姿的绝色美人，她也许早就湮没在了茫茫人海之中。然而，她后来回忆说，一夜之间，世界"忽然在她面前展开"，叫人喜不自胜。在追求爱情的过程中，宛若新生的她落落大方。她常裸露上腹，身着紧身衣，扭动标志性的诱人臀部，流连在加利福尼亚美丽的沙滩上。"她知道自己有资本，因而很乐意炫耀一番。"詹姆斯·多尔蒂说。16 岁时，为了逃过再次送往寄养家庭的命运，玛丽莲匆匆下嫁了这名工厂劳工。

玛丽莲在电影事业上的成功之路，布满荆棘，其中的艰难曲折远超你所想。她曾跑过无数龙套，屡屡被电影公司拒之门外，"裸照"事件差点毁掉了她的职业生涯。"我实在太需要这 50 块钱了。这没什么见不得人的，难道不是吗？"在被问及出现在《花花公子》上的裸照时，这位精明的"受害人"如是说。因她的坦诚，公众原谅了她。《热情似火》、《如何嫁给百万富翁》、《绅士爱金发女郎》等一系列喜剧电影奠定了她美国首屈一指的性感女神的地位。她在影片中带着天使般纯真的脸、随心所欲地展示着自己性感的肢体。"她是半个孩子，"克拉克·盖博说道，"但这一面却从不示于人前。"从《斯库达，嚯！斯库达，嘿！》到《乱点鸳鸯谱》，玛丽莲共拍摄了29部电影，斩获了好莱坞有史以来最高的票房，收到的影迷来信也规模空前。

　　爱过她的人从未真正将她忘却。棒球选手乔·狄马乔与玛丽莲的婚姻仅仅维持了9个月，但他依旧在她的葬礼上燃起火把，当众潸然泪下。此后每周，他都会去她的墓前奉上鲜花。剧作家阿瑟·米勒将自己与玛丽莲的奇异结合的点点滴滴都倾注纸间。在《七年之痒》中，玛丽莲站在地铁出风口上方。由地下吹来的一股轻风将她的白裙掀起。这成了她标志性的形象，也深深印在了喜爱她的大众心中。她用孩童般的天籁之音，为美国总统哼唱"生日快乐"。在无数海报上，她一头铂金色的长发四散，双唇微张。一刻即成永恒。与肯尼迪总统的绯闻是否就注定了她终将香消玉殒？甚嚣尘上的阴谋论何时才能尘埃落定？

　　嘉宝与哈露成名早于梦露，此后电影圈里也涌现出了不少性感女王。但为何独独只有梦露如此与众不同？她微微向前蜷其香肩，展露一脸轻松笑意，便能像亮出产品认证证书一般，向男人许下了了无牵挂、毫无束缚的性爱。梦露的身上有着极为明显的反差。她虽现无助，却在性事上极为强势；她孩子气十足，却又富于母性；她有些愚钝，却精明地知道自己影响力深远。这些例子不一而足。"她有本事叫人们为她伤心难过。"她的一位摄影师说。她娇柔欲滴的模样惹起了全国民众强烈的保护欲。

"只要能以女性的面貌示人，我丝毫不介意生活在一个男人主宰的世界中。"

——玛丽莲·梦露

## 玛丽莲·梦露的必杀技

演员詹姆斯·迪安曾有言道："英年早逝，徒留一具美艳香躯。"无疑，这就是 36 岁便离开人世的梦露的写照。虽然性感塞壬的魅力在年轻时即已攀至顶峰，但是这种魅力也可以随着年龄的增长变得更温和，并继续展现出强大力量。

### 第一课：投石问路

虽说男人宁愿迷路也不愿张口求助，但科学研究告诉我们，他们很乐意为女士指点迷津。梦露早就明白了其间的窍门。她编织了一张不断变幻的巨大人脉网。在踏出每一步之前，她定会向网中之人寻求建议。这部电影该接吗？这座房子该买吗？这些衣服能穿吗？该读什么书才能让自己显得更为睿智、更有见识？"她就像一只迷途的小猫。"一位观察家这样评价她。极为中肯。她就是一只猫，一只性感尤物。哪个男人不想成为梦露的斯文加利？哪个男人能抵御这种诱惑，哪怕梦露只需要他点头应承自己起床？然而，在我们这个所谓的美丽新世界里，梦露这般卑微的依赖可能会让你付出不堪承受的巨大代价。但若你有志成为性感塞壬——即便你拥有博士学位或收入高达 7 位数——时不时请男人指教一二，也不会有任何损失。他是否知道这种事对你来说完全不在话下并不要紧。既然他很乐于摈弃怀疑，那就让他感觉你认为躲在他的羽翼之下十分安全。

若你知道他在董事会上的演讲"富有远见卓识"且"极具说服力"，那就可以请他帮你组织一下公司年会上的"简短发言"。如果他身材火辣，何不请他推荐一家健身房？他不会带着怀疑的眼光来看待你的求助，就像你断然不会拒绝一份贵重的礼物。你会发现这世间本无愚蠢的问题，你夸大其词的赞美只会让他心花怒放，觉得自己理当受此殊荣。

警告：若天天上演此招，难免会叫人"头晕目眩"或"恶心呕吐"。

## 第二课：步步生莲

梦露原本走路时就风姿绰约，后来在电影《尼亚加拉》中更是将其演绎成了一门高雅的艺术。梦露在影片的一幕远景中，脚踩高跟鞋行走在鹅卵石铺成的小路上，她动人的身姿随着起伏的道路摇摆波动，成为梦露最为知名的影像之一。这段路足足走掉了近 3 米的电影胶片，堪称电影史上最长的一段路程。其效果轰动一时，从后，梦露就一直如这般步步生莲，摇曳生姿了。

好吧，也许你已经花了几年时间来练习这种步态了，不过这很可能会招来歹徒或办公室性骚扰。但你既立志成为性感塞壬，这些就该不在话下。家附近没有鹅卵石路吗？好说。那就换上 12 厘米的恨天高去乡下过个周末吧。当你风姿绰约地穿过崎岖的地面去搭建帐篷或寻找柴火时，千万注意放松体态，尽显女性魅力。熟能生巧。要不了多久，你就能收放自如地优雅摆动自己丰腴的臀部了。

## Tips

### 梦露宁死也不会做的 10 件事

1) 保持收支平衡

2) 在公众场合穿着运动服

3) 不穿内衣

4) 不抹口红、不喷香水就出门

5) 准时出现

6) 听到有关金发女郎的笑话时火冒三丈

7) 患有强迫症

8) 竭力不让自己显得性感

9) 在十分合适的场合中寻找爱人

10) 以"研究显示…"开始谈话

11) 不挂好电话听筒

## 第三课：大爱白色紧身衣

性感塞壬总能在孩童般的天真无邪与午夜女郎的通晓世事间找到微妙的平衡——她是坠入凡尘的失足天使。梦露最爱用白色衣物将自己塑造成光彩夺目的标志性性感天使。你也能像梦露那样，在颇具 50 年代风格的服饰中找到自己独特的风格。

可以开始试试波尔卡原点、镂空褶边、高腰束胸、性感短裙等元素。

衣橱里的每件衣物都必须整洁无瑕，哪怕是一件皮质紧身衣或是链饰也不例外。要记住，你是那个让罪恶充满甜蜜的女孩。试想完美主妇琼·克里夫赶赴与沃德的短暂午间幽会或是小甜甜布兰妮出发前往夏令营时的场景。衣服总是紧了一分，又短了一寸，正好露出一点撩拨人心的肌肤。内衣要选女人味十足、价值不菲的款式，除非你"忘了"穿，真空上阵。

"婚前，女人为了留住男人而委身于他；婚后，女人却要为了与他共度良宵而将他留下。"

——玛丽莲·梦露

## 第四课：分享你的悲伤往事（可选）

尽管梦露每次的叙述都是不尽相同，但患有精神障碍的母亲、贪婪无度的亲戚以及辗转其间的寄养家庭都让公众对梦露倍感怜爱。即便在微小的细节上，梦露也会扮演被抛弃在铁轨边的小妮儿的角色。要么"从昨天起滴水未进"，要么就是为了事业和影迷"心力交瘁"。我打心底里支持她，也清楚她不过想传达的是"上帝啊，我多希望马上有人来帮我啊！"

性感塞壬想通过自己的悲惨过往唤起男人内心救世英雄的欲望，唤醒他心底沉睡的那个英勇的消防员情结（每个男孩小时候都梦想过要当消防员吧。）若你的往事真的不堪回首，这一招自是有益。梳理一番自己少不更事时被无情抛弃、走投无路时的无助。演绎时可以从文学经典与童话传说中汲取无限灵感。但尽量避开曾经待你不公的前任恋人。为什么要让他知道你的那些前任呢？

## 第五课：时刻准备

梦露的首任丈夫把她描述成永不知足的荡妇。梦露自己的说法在这方面似乎有些自相矛盾。诚然，这位塞壬看上去似乎刚刚云雨过后，准备起身，或是准备投入刺激的三人行之中。即便不付诸行动，性感塞壬也须时刻给人暗示，时刻准备好来一场酣畅淋漓的性爱。

性感塞壬总是整洁无瑕、香气四溢、衣着撩人，不过她们也绝不会让自己看上去过于"井井有条"。喷了香水的发套和上了浆的笔挺衣领只会让人想起专横的修女或收容所护士。小小的凌乱会让你的性感更加浓郁。当然了，真正能正中人心的一击还是她会说话的体态。

性感尤物塞壬会贴进男人怀中，肩膀后撩，轻柔地摆动腰臀。漫不经心地轻整衣衫，或是以指间轻抹前胸或双唇。动作轻柔，适度反复极为重要。温柔地贴住男人的前臂或肘部，慢悠悠地替他将几缕乱发拨回耳后。翩翩起舞时，则要贴住他的脸颊。轻抚，轻抚，还是轻抚。肌肤相亲、耳鬓厮磨带来的触电般快感无可取代。

**梦露的秘密档案**

1) 反复梦见自己赤身裸体出现在教堂中

2) 为平复鼻子上的小突起做了整容

3) 为 21 世纪福克斯公司赚的钱比 1953 年前的任何一位演员都要多

4) 通过举杠铃来健身

5) 从未准时出席过任何活动，没有一幕场景可以一条过

6) 为了让衣物紧贴身体的曲线，有时会让裁缝贴身缝制衣物

7) 偶尔会声称香槟和鱼子酱是她的最爱

8) 在葬礼上被公认是全世界"女人味的永恒代言人"

## 第六课：成为"走光大师"

在这方面，珍妮·杰克逊远逊于梦露并要对她俯首称臣。梦露堪称全球娱乐史上最伟大的"走光大师"。在《七年之痒》中，她一袭白色丝质露背连衣裙被地铁出风口的一阵风轻轻吹起，露出内裤的一角，叫人浮想联翩。银幕内外的梦露都极为精通此道。她会故意在系内衣肩带时候弄出"啪"的声响，然后假装慌乱地寻找安全扣，引来现场一片混乱。她甚至会干脆突如其来地抛掉内衣，叫男孩们血管贲张。

再也没有什么能比女人们衣襟滑落，在不经意间露出隐秘的身体曲线更叫男人刺激兴奋的了。撕裂的短裙、滑落的肩带、低

深的领口，都会让他们兴奋无限。不过可不要穿太紧的裤子，露出你白皙的臀部就不雅了。若有胆量，你可以试试一周不穿内衣，只着合身的衬衣。你可以暂时将谨慎小心抛诸脑后，大胆地将内裤塞进提包。若是真走光了，千万记得表现出一丝女孩应有的惊讶与尴尬。表现得稳重极为重要。

## 突击测试：你属于性感型塞壬吗？

性感型塞壬是男人眼中令人垂涎的美味甜心。你有成为性感型塞壬的潜质和条件吗？如果你的肯定回答不少于八个，或许就能成为名副其实的"梦露"。

1. 你会身处困境时展露自己的无助吗？

2. 若男人公然将你视做性爱对象，你会觉得自己强大无比吗？

3. 你更愿意将《太空英雄芭芭丽娜》中的简·芳达，而非前任国务卿康多莉扎·赖斯视作偶像吗？

4. 你觉得男人在主持节目时优待你了吗？

5. 你为自己的女人味感到自豪吗？

6. 你喜欢吸引别人的注意吗？

7. 你是否觉得穿衣不暴露就会显得单调乏味吗？

8. 你周围的男人们愿意成为你的皮格马利翁吗？

9. 你的童年不愉快吗？

10. 你在寻找父亲般的爱人吗？

11. 有人认为你时常表现得愚蠢无知吗？

12. 你觉得丢失化妆包或盥洗套装是一场灾难吗？

# 竞争型

　　从小她就是假小子。在她眼里，"裙子"简直就是脏话。芭比娃娃就更不用说了。竞争型塞壬喜欢与兄弟们一起玩耍，搭树屋、骑满是泥浆的自行车、鼓捣新的鬼点子来搞破坏。然而，这一切都会在13岁那年彻底改变吗？绝无可能。没什么比在挤满男孩的简陋操场上肆无忌惮地破坏规则更让她们快乐的事了。她内心猎人般的灵魂只会因美丽的身体曲线稍显温和几分。

　　你觉得这人只应天上有吗？那就来认识一下萨曼莎，长岛东部唯一的飞蝇钓向导吧。她让一众男人心碎了一地，这事人尽皆知，虽然开始听着有些让人疑惑。她身材高挑，金发白肤，是个典型的美国丽人。但是，天哪，她肮脏的指甲不会让男人望而却步吗？哪个塞壬会穿着前一晚睡觉时的衣服入睡？可不论走进哪个房间，萨曼莎总能抓住男人的眼球。她热爱自己的职业，钓鱼技术高过多数男人。她的品位似乎与男人相仿，都爱喝纯烈的苏格兰威士忌，说些下流故事。

　　男人们为竞争型塞壬的独立所折服。她们似乎并不需要借助他们的帮助，但这其实只是一种假象罢了，事实并非如此。在她们冷淡的外表下，有着一颗渴望男人陪伴的心，一如她们需要在比赛中获胜来证明自己。男人钦佩她的勇气和能力，甚至是有时不近人情的冷血。竞争型塞壬物欲不强，却常挑战一些极具风险的事情。男人能在她们身上找到激情似火的灵魂伴侣，以及能结伴而行的冒险家。竞争型塞壬就在男人海阔天空的幻想世界里召唤着他们。

冒险家柏瑞尔·马卡姆征服了男人主宰的世界，并顺带偷走了他们的心。对立志成为竞争型塞壬的人而言，她的爱情教诲值得一学。

## 塞壬实例：柏瑞尔·马卡姆

"人们常觉得她是女巫赛丝……不过绝非一个平庸的女巫。试想，她在对尤利西斯施咒后踏上征程，掌握航海术后周游世界。"玛莎·盖尔霍恩在柏瑞尔·马卡姆的回忆录《夜航西飞》的序言中写道："她对周遭的男人都施了魔法，这样，即便她贸然闯入了本属男人的世界，也不会引起他们丝毫的厌恶之情。相反地，他们热烈地欢迎着她的到来。"

《夜航西飞》记录了 1936 年马卡姆独自由东向西横跨大西洋的飞行壮举。这是首次成功的"水上跨越"。人们甚至认为这比林德伯格自西至东的跨洋飞行更为伟大，因为马卡姆需要逆风飞行。她跃进驾驶舱时，优雅的白色飞行服随风舞动，各大国际报刊赫然在头版头条报道了"美国佳人跨洋飞行始于今日"。心怀善意的人们纷纷与马卡姆挥手道别，他们心里明白，也许她再也回不来了。近 22 个小时后，她在没有任何信号的情况下坚持飞行了一段时间，最后在加拿大新斯科舍距海岸线不到 100 的地方坠机。"我是马卡姆夫人。"她热情地向人们打着招呼，头上喷涌的鲜血让她狼狈不堪，"我刚从英国飞过来。"

今天，你也许很难再找到一名像柏瑞尔·马卡姆这样的竞争型塞壬，就更别提造就她的非同寻常的环境了。事实上，自从举家从英国移民至肯尼亚后，父母就对她不闻不问了。他的父亲终日忙于农场劳作，而母亲很快就回了英国，留下年幼的女儿在非洲。柏瑞尔很快学会了一口流利的斯瓦西里语，终日与马赛人厮混在一起。他们对她与男孩无异。她学会了奔跑、跳跃和狩猎，甚至能在剧痛时不掉一滴眼泪。她对情感的控制力就如"古希腊女战士一般"强悍。"她用河马角狠狠地揍我，直到我皮开肉绽、鲜血直流。可我却因此更加叛逆。"她在谈及一位体罚学生的家庭教师时这样写道。她曾被马拖行了上千米，但从未提起过这件事，只是有些怜惜那匹马而已。

"若你的预感正确，那么你就算是得到了启迪；可若它是错误的，你就该为自己屈从鲁莽的冲动而深感内疚。"

——柏瑞尔·马卡姆

从某种程度上来说，很难说究竟是柏瑞尔在想方设法加入男人的俱乐部，还是男人们奋不顾身地追在她身后。她总能轻而易举地在他们的拿手项目上赶超他们。她是肯尼亚首位女驯马师，曾带领多匹纯种赛马在赛马赛事中取得辉煌战果。作为一名业余飞行员，她也曾冒着生命危险参与各种救援行动。被誉为"男子气概的坚强捍卫者"的厄内斯特·海明威称赞她的回忆录"文笔流畅，构思精妙，叫身为作家的我也汗颜不已。"她在房事上也极为主动。曾有旁观者说，"在一天的紧张工作后，她最爱光着脚丫，随机溜进某间卧室。"

柏瑞尔能在男人身上映射出一种强大的"精神魅力"。16 岁时，她被迫嫁给了一个对她一见倾心的 32 岁男人。她一直保留了第二任丈夫曼斯菲尔德·马卡姆的姓氏。但婚后若干年后，她就离开了这位富裕的贵族。在近 20 年的时光中，她一直与第三任丈夫，新闻记者劳尔·舒马赫分分合合。可以说，她在一次次的婚姻中阅人无数，甚至有人会在每次与她寻欢后都在墙上钉枚钉子来计数。一旦她俘获了男人的心，与其共享欢爱后，很快就会厌倦，并将目光转向新的猎物。只有魅力四射的白人猎手丹尼斯·芬奇·哈顿挣脱了她的情网，这倒叫她对丹尼斯更为念念不忘。

男人对柏瑞尔身上的爱其实只是一种镜像，抑或那就是他们梦想成为的人？她"令人甘之如饴的肆无忌惮"以及汹涌澎湃的激情都令男人们深陷她的爱情陷阱无法自拔。这一历程丝毫不显单调平庸。她绝对能自如地转换自己的性别角色。男人因此苦不堪言，她却未受半点困扰。即便在耄耋之年，功成身退时，她依然不失塞壬本色。

## 柏瑞尔·马卡姆的必杀技

若你骨子里仍是彻头彻尾的女子，但却酷爱打破常规或胆大妄为，那你就完全有潜质成为一名竞争型塞壬。试着跟柏瑞尔·马卡姆学几招吧。

## 第一课：与冒险亲密接触

人类文明漫漫千年，我们都知道，女性常以能驯服男人而引以为豪。但他们能在竞争型塞壬的身上感受到一种"野性的呼唤"，一种与原始自我的深层联系。竞争型塞壬也许并非一个适婚的对象，也不是能领到母亲面前的类型(若是引荐给父亲，结果定然会不同了)。可男性一般很难抗拒竞争型塞壬身上所散发出的可与自己匹敌的精神力量与热烈激情。

从最初的童年时期开始，柏瑞尔就将自己当成了一个男孩，但她却又不甘只在男人的世界中与人竞争。她独自一人完成了横跨大西洋的危险飞行，不知有多少先行者在此事上丢了性命。在赛马圈中，她曾在肯尼亚顶级赛马赛事"东非德比大赛"中五次夺冠。有人甚至怀疑她也像男人一般站着小便。竞争型塞壬痴迷于行动与冒险，因为她们能从中体验刺激与快感。她在最能考验男子气概的领域中大获全胜。

竞争型塞壬需要在生活中寻找冒险，挑战身体的极限，并竭尽全力在自己所选的"运动"中成为佼佼者。你需用行动证明一切。若你将董事会当成了竞技场，那就在新产品的营销或是前景看好的并购计划上赌上一把。成为一名企业家，同时也是一位自由的思想家。选择竞技体育的竞争型塞壬可以勇攀世界第二高峰乔戈里峰、射击双向飞碟或是在塞舌尔射杀北梭鱼。此时此景，你的心中不应浮现疲劳或是危险，刺激才是你全部的情绪。竞争型塞壬宁愿在伟大的冒险中铩羽而归，也无法忍受单调乏味的成功。你对生活的无限激情本身就拥有巨大的吸引力。

## 第二课：告别裙装

"裤子配上衬衫是她惯有的装束，她还会大胆地敞开最上面的纽扣"，或是像白人猎手那般，在颈间"俏皮地系上一条丝巾"。即便不骑马，柏瑞尔也会穿马裤，蹬长靴，一副好莱坞导演的架势。她的中性风并非简简单单将地板上那团皱巴巴的衣物胡乱套在身上。虽然耗时不多，但她的穿着显然是精心设计过的。柏瑞尔跨洋飞行前所穿的丝质白色套装绝非无心之举，倒像是一场精心设计的时装秀。

出于某些场合的需要，你的确可以身着高端礼服，脚踩高跟鞋，但只有套上男人的服饰时，你内心的塞壬本色才能真正显露。以这样的搭配方式，奥维斯与布鲁克斯兄弟这类高级男装品牌就会显得像是为你量身定做的一般。在燕尾服内搭上维多利亚的秘密，或是用长筒靴配上紧身衣和丁字裤。若是想更引人注目，不妨试试警察制服。穿牛仔裤时系上一条男士领带也会异常时髦。

为何女性一着男装就会让人兴奋？好莱坞影片最爱使用这种挑逗的伎俩。是因为他会幻想着自己衣衫内你的酮体吗？还是说她漫不经心、草率凑合的表情会让他们觉得，这一衣服穿得快，脱得也快？无论如何，保持苗条曲线，展露部分肌肤。这样，你看起来既秀色可餐又干练非凡，性感得叫人目眩。

### 第三课：减少物欲

让男人倍感轻松的是，竞争型塞壬从不要求男人特别关注自己。敏锐地捕捉她情绪的波动或是精心策划每个重要节日的庆祝活动常常令男人头疼。当众秀恩爱也会让她略觉尴尬。她从来不去关注两人间情感的热度，宁愿睡一晚上好觉，也不想没完没了地讨论同一个问题。如果真被某事困扰，她就会竭力找出症结所在，或独自思考。

我们的塞壬会像斯巴达那般精简生活。一位挚友曾说过，若是让她依着自己的性子，"绝对会选一块用水一冲就干净的地方落脚。"事实上，柏瑞尔的家中也仅有一床、一椅、一箱以及爱人的须后水而已。她不喜追求物欲，因此，若有心去冒险，片刻之间便可启程。无需浓妆艳抹，没有大惊小怪，她那叫人窒息的魅力随之尽显。柏瑞尔妙不可言的格调更多地是与她的态度相连，而与任何工厂制造或是商场购入的物件无关。

作为一个抱负远大的竞争型塞壬，你在任何方面的欲求都可以减少，可以更为精简、不求名贵，也不沉溺于自己的情感。少花点时间在梳妆台前，把那些所谓的睫毛膏、胶原蛋白、惹人嫌的吹风机与直尺梳统统抛掉。周末旅行，带上两晚所需的行李即可。他会因此震惊不已，继而印象深刻。

## 柏瑞尔宁死也不会做的 10 件事

1) 要求将房屋装饰一新

2) 点上一瓶汽酒

3) 读《他没那么喜欢你》

4) 预定某款瓷器

5) 饮恨后悔

6) 边吃哈根达斯，边看浪漫爱情喜剧

7) 借口头痛，对房事避犹不及

8) 开口就是"我医生说……"

9) 过分讲究穿着

10) 整天赖在床上

## 第四课：像男人那般看待性

若是柏瑞尔一时"性"起，就会用手摇留声机播放格伦·米勒的歌曲。她用这种隐晦的方式告诉你：我准备好了，来吧。"性这个念头随之而生……缠绵悱恻……随后结束，没有半点慌乱。"听上去很耳熟，对吧。她的床上功夫"叫人沉迷、令人赞叹"。值得一提的是，与她欢爱时无需繁复的作法，也没有条件与束缚。她从不要求从中获得额外的好处，也不会使用任何诡计。她觉得双方的满足感本身就是一种回报。不止一位情人曾公开说过，柏瑞尔给予的性爱体验无人能及。

对柏瑞尔来说，性随心而生，是"一种让人倍感愉悦的运动形式。与舞蹈一般，可不断变换搭档"。她从未像其他女性那般，将性理解成一种心照不宣的约定。作为未来的竞争型塞壬，你完全可以摒弃让男人占了上风的双重标准。不要指望会有浪漫的烛光晚餐，或与他步入神圣的婚姻殿堂。你的澎湃激情与他无异。寻觅千百亲密爱人而不必心怀愧疚。若他合你心意，那就邀请他共赏你的蚀刻作品。共处的一小时也许就能让你对他情根深种，或是第二天就放他离去。不要坐着傻等他的电话。继续寻觅下一个爱人。像我们的柏瑞尔一样，以自己的身体为傲。切莫负了韶华，须知春宵一刻值千金。

## 第五课：永远不要示弱

"孩提时，我便不会因身体的痛楚哭出声来。"马卡姆写道。这是她从马赛战士那里学来的本领。她那张蒙娜丽莎般的脸会令你沮丧困惑，也会叫你意兴盎然。她太过害羞，漠如石塑，还是真的毫不在乎？"她是一个勇敢的好女孩，浑身是胆，却有着一颗金子般的心。"一位情人说道。但她似乎从未动过真情。"男人们都渴望能在她静如止水的心海掀起一道波澜。"一位传记作家写道。在他看来，神秘莫测正是柏瑞尔让人难以抗拒的主要原因。

并非竞争型塞壬冷漠无情，事实上，她对爱人的忠贞常常既真实又深刻。但不知她从何处受到了告诫，说只有娘娘腔、小丫头和傻瓜，才会随意表露自己的情感。"男人们千方百计想要讨她欢心。"她的一位情人伤心沮丧道。但柏瑞尔对他们的那套总深感厌烦，还时不时带着一些嘲讽。

竞争型塞壬们宁愿咬破脸颊内侧，将汩汩鲜血往肚里咽，也不愿让自己看上去过于急切。对男人大失所望时，她会用坚忍的冷漠来应对内心的失望。不作任何要求，男人就会急急赶来填补你内心的空虚。瞧瞧那些叫人惊讶的角色转换，从现在起，深情告白甚至热泪盈眶的人将会是他，而不是你。

## Tips

### 柏瑞尔的秘密档案

1) 能像马赛战士那样精准投掷长矛

2) 被女家庭教师体罚后，曾发誓"从今往后，与女人再无交集"

3) 同时与温莎公爵（当时的威尔士王子）及其弟亨利王子传出绯闻，此事可谓丑闻一桩

4) 从《走出非洲》的作者凯伦·布里克森（艾萨克·迪奈森）身边成功勾走了白人猎手丹尼斯·芬奇·哈顿

5) 自称她的飞行日志"比任何日记都宝贵"

6) 通过一家为弗兰克·西纳特拉、平·克劳斯贝与吉恩·凯利等名人的商店订制了几十条各色华达呢阔腿长裤

## 突击测试：你属于竞争型塞壬吗？

无法确定自己是否属于竞争型塞壬？若你的肯定回答不少于八个，那你很可能就是。哪怕不是，你也可以从竞争型塞壬的身上借鉴某些经验。

1. 你觉得与男人为伍比与女人为伴更自在吗？

2. 你的竞争意识很强吗？

3. 你的性欲比一般人高出很多吗？

4. 你丝毫不受别人看法的影响吗？

5. 身处险境或破坏规则会令你觉得刺激过瘾吗？

6. 你从不轻易落泪吗？

7. 比起女孩的玩具，你更喜欢男孩的玩具吗？

8. 你在通常有男人主导的领域工作吗？

9. 你宁愿花一天时间学一项新的运动也不想泡温泉、化化妆吗？

10. 你对自我分析毫无耐心吗？

# 母亲型

长久以来，我们一直很看轻以家庭为中心的女性，可我们的内心深处很清楚，她们对男人具有无穷无尽的吸引力。从出生到死亡，男人们始终渴望着母亲型塞壬的爱。我觉得她是隐身的塞壬，直到自己的男人被他勾走了魂魄，你才会猛然发现她的威胁。别自欺欺人了，她裹在母性的面纱下，以各种新奇的女性手腕向男人发起挑战，让他们心甘情愿地臣服脚下。母亲型塞壬让男人们重温了母亲怀抱的暖意，觉得依然有人在这残酷的世界保护着自己。

我的祖母就完全符合母亲型塞壬的标准。即便年老昏聩、身材走样，所到之处，男人依旧无法抵御她的魅力。来我家做客时，她会给我父亲带发条玩具，让他开怀大笑；也会送来进口鱼子酱，让他大快朵颐。两人之间总是配合默契。在祖母身边时，他尖利的棱角似乎也柔和了起来。这也许是两度守寡的祖母身边从不缺男人的原因。她的第三任也是现任丈夫是一位人到中年却未曾娶过妻的翩翩君子。"你是怎么做到的？"她那能令任何男人拜倒裙下的魅力让我惊异。"因为在我身边，他们觉得舒服。"她说。又是这点？

母亲型塞壬会细心照料男人藏在心中那个永远长不大的孩子，也会在别人愚蠢地以为他已长大成人时依旧给他滋养与鼓励。从欢乐的氛围、丰盛的美食，到干净的衣物，即便没有亲手拿起熨斗，她也在一丝不苟地营造舒适的环境。她是病榻边的天使、危机中的救星，也是困境中的曙光。她能抚慰男人内心的孩子，让他们重新振作，回归忠诚奉献的本色。叫人意外的是，母亲型塞壬在闺房里却有着取悦男人的邪恶魔力。她的性感之举不会让人感觉别扭或是诡异。

你常会发现，貌似平淡无奇的母亲型塞壬一旦摘下笨重的眼镜，就会化身成风姿绰约的万人迷。当心了！她也许就是你的姐妹、表亲，甚至是最好的朋友。温莎公爵夫人就可以称得上是这一类型中的佼佼者。

## 塞壬实例：温莎公爵夫人沃利斯

"我自是希望能担起沉重的责任，履行国王的职责。可我发现，若是少了心爱女人的帮助与支持，我将无力再背负这一切。"1936年，英国国王爱德华八世宣布放弃王位。他口中的这个女人当然就是来自美国的"辛普森夫人"。这个有过两次婚史的女人早已臭名昭著。国王殿下不爱江山爱美人的专情成了延续"整个世纪的浪漫传奇"，此后引来流言与猜测无数。沃利斯是如何做到这一点的？自此之后，他们一直幸福地生活在一起了吗？

贝茜·沃利斯·瓦菲尔德出生在宾夕法尼亚州的蓝色屋脊峰顶。父亲蒂克·沃利斯经商失败，早早便让她的母亲，年轻的爱莉斯·瓦菲尔德成了寡妇。令爱莉斯深感屈辱的是，她不得不依赖巴尔的摩一家客栈的收入为生。不过，爱莉斯华丽登场社交界，费用一概由一位有钱的叔叔支付。孩提时代的沃利斯"用眼角余光瞥人时的光彩，无人能及。"后来，她变得日益机智，深谙活泼的谈话之道，对华美服饰也品位颇佳。一位崇拜者说，她从不"傻傻"地围着男孩打转。"她专注地望着我们……让我们感觉自己就是一群天赋异禀的年轻人。"

在漫漫的塞壬星河中，沃利斯·瓦菲尔德无疑是最无可能出现其中的那颗星辰。摄影师塞西尔·比顿说她"相貌丑陋，却极具魅力，是位容颜丑陋的佳人。"可她的身边一早便围满了情郎。她有种"与生俱来的魅力，直叫你觉得自己就是她等了一辈子的那个人。"不知何故，她的情路却坎坷异常。二十岁那年，她在彭萨科拉拜访表兄弟时结识了海军飞行员温菲尔德·斯宾塞伯爵中尉。两人闪电结婚。她本以为斯宾塞是自己"能在困境中依靠的"良人，谁承想他却是个彻头彻尾的酒鬼。婚姻行将破裂之际，沃斯利随他去了香港。斯宾塞揪着她的头发踏遍了青楼。这段经历在日后倒是派上了用场（见第二课）。

离婚后，沃利斯开始学会了权衡自己的抉择。一位追求者说，在决定嫁给欧内斯特·辛普森前，"至少有三十个人向她求过婚。"她的美国丈夫将她带至伦敦。在那里，她以光彩夺目的女主人的身份步入了英国社会。


"对女人而言，钱财越多越好，腰肢越细越妙。"

——温莎公爵夫人沃利斯


"王子殿下怕是要孤独寂寞了。"他的情妇塞尔玛·弗内斯在踏上漫长旅程前说道。于是，她请自己的朋友沃利斯偶尔关照他。没问题。这位母亲型塞壬旋即施展开自己最为殷勤周到的关爱术，摇身成了王子殿下的女主人，为其安排每日的活动行程。王子现在完全放松了下来，可以有时间做做刺绣、修修指甲，把管家气得直跳脚。绿云罩顶的辛普森成了人们的笑柄，甚至还有人为此写了一出名为《论无足轻重的欧内斯特》的戏。

国王乔治过世后，他们甜蜜的浪漫戛然而止。新登基的爱德华八世拒绝只将沃利斯单纯当成一名情妇。"她若不在，我便孤单。家若无她，即不完整。"他在一篇讲稿中这样写道，可总理决不允许他在广播电视上宣读。他希望寻求"保护、获得引导……希望享受……从体验过的幸福的家庭生活。"一位传记作家如是说。终身流亡法国仅仅为此，值得吗？温莎公爵认为，"她给了我关爱"与"奉献"，而这些在他心中绝对"高于一切"。

## 沃利斯·瓦菲尔德·辛普森的必杀技

读一读帕梅拉·哈里曼以及卡米拉·帕克·鲍尔斯的故事吧。她们也都选择了走母亲型塞壬这条路。帕梅拉在一步步登向世界之巅的过程中，曾与沃利斯相交并向其求教。有意踏上这条路的女孩们应该了解下面这些：

### 第一课：将他内心的需求奉若神明

英俊的王子殿下青年时曾是姑娘心中的白马王子，而沃利斯则刚刚在巴尔的摩离了婚。两人初遇之时，王子身边已然有了一位情妇与若干备胎。别人只望得见他耀眼的头衔及其带来的便利，可精明的沃利斯却一眼便看穿了他灵魂深处的困扰。他的一位侍从官说，沃利斯"首先将他当成了男人，然后才是一位王子。"就凭这一点，她就成功将其他对手三振出局。

"我把全部的关爱都倾注在了丈夫身上"，她在后来写道，"婚前他从未体验过这般被人呵护备至的感受。请注意，我说的是关爱二字……这意味着帮助男人树立自信，为他营造温暖、有益的氛围，并为他排忧解难。"

帝王贵胄也好，首席高管也罢，在母亲型塞壬眼里，他们只是褪去万千繁华后那个有血有肉的男人。至少在情感需求上，他与那些刚换下高帮鞋和短裤的毛头小伙无异。她用母亲般的关爱回应着他孩子气的欲望。"沃利斯，你是唯一一个对我的工作感兴趣的女人。"王子若有所思地说道。与臣民共度一天，其间的辛劳自不必言。王子知道沃利斯不仅急切地想听他讲述自己跌宕起伏的皇家生活，也愿意为他悉心按摩酸痛的手腕。母亲型塞壬心系他的一举一动，常常会出言宽慰。她既是一朵能抚慰他的解语花，也是可为他出谋划策的回音壁，更是能照顾他衣食起居的温柔护士。

抱负远大的塞壬身上蕴藏着母性的第六感。届时，这一举世皆知的神奇能力将会爆发。你就能透过他的话语摸透他藏在心中未曾开口的需求。他压力山大，倍感疲倦了吗？或许该寻些消遣？那就锁好门，拔掉电话线，即便你全然不懂如何滑雪，也可以立刻预定前往塔希提岛度假的行程或行至维尔的一周之旅。他若意志消沉，那你就刻意模仿他那有些蠢笨的姐妹的腔调，博他一笑，或是邀请他的朋友们参加一场牌局或来吃一顿便饭。倘若他热情高涨，启开一瓶香槟，并邀来管弦乐队助兴。那么，可怜的孩子，赶紧问问他是否挪用了公款？然后快些将这些盛宴装进特百惠的保鲜盒中。

"久未通信，实在抱歉。可他实在是累坏了。"

——温莎公爵夫人沃利斯

## Tips

### 沃利斯宁死也不会做的 10 件事

1) 用口香糖吹泡泡

2) 张口就是"哟，大卫……"

3) 援引女权运动家贝蒂·弗里丹的话

4) 玩扭扭乐

5) 任凭脏盘子堆满水槽

6) 在家中囤积速冻快餐

7) 内衣经久不换

8) 宿醉

9) 蹦极

10) 谈论公爵的性倾向

**第二课：当一个有怪癖的性感妈妈**

辛普森夫人并非完璧，皇室并不喜这一点，因此专门派情报人员将她的丑闻一一挖了出来。一时间，谣言纷起，众说纷纭。

有人说她是妓女、雌雄同体，也有人道她其实是个男人，也是女施虐狂。不过，也许我们应该在知名的"中国档案"中寻找真相。该档案描绘了沃利斯与其第一任丈夫走马观花式般地逛香港妓院时学到的亚式房中术。

还远不止这些。显然，爱体罚的家庭教师让王子养成了喜好受虐式刺激的偏好。谣传说，公爵夫人就像托儿所教师那般照顾王子。不过，温莎紧闭的大门内到底是怎样一番场面，没人亲眼见过。不是有本对此倾囊相授的书吗？"沃利斯·辛普森深深挑起了他在情事上的兴奋感，这一点不言自明。"一位传记作家这样写道。"有可能，甚至极为可能，这种兴奋中带着某种施虐受虐狂的激动。"沃利斯知道如何帮助王子释放压抑的情绪以及他常常自觉的"愚蠢的自我意识与羞怯之情"。

因此，懂得顾及男人内心深处需求的塞壬知道如何变着法子向爱人道晚安。若是他想将那些略带古怪的幻想付诸实践，母亲型塞壬也永远不会吓得面无血色。你就该以赫尔加、格鲁伯先生或是女修道院院长等各种怪异形象出现，你懂我的意思吧。你可以考虑建起一个参考书库，专门保存一些"特别"的电影和书籍（像《爱经》这类作品）。也许再备上一衣橱的服装与道具。他会甘愿迎合你的喜好，成为你充满性感的礼物最虔诚的信徒。

## 第三课：驾驭他

塞尔玛·弗内斯夫人从美国归来时曾想与王子再续情缘，可王子对她极为冷淡，却与她的密友沃利斯甚为亲昵。席间，王子伸手去抓生菜叶，沃利斯见状玩笑般地拍了他的手背，提醒他注意自己的举止。"那时我才明白，她替我把王子照顾得很好。"弗内斯说。第二天一早，她就悄然离去，一段恋情就此结束。

沃利斯既似母亲，又若保姆，这般举止令观察家们大为震惊。然而，"这才是大卫心心念念想要得到的东西。"沃利斯更是在其中加入了些许魔法：她似乎打着"爱"的旗号，满怀"展现他全部才华"的热切渴望，对王子进行着批评教育。母亲型塞壬生来就知道该怎么做，而沃利斯只需跟着感觉走即可：不守规矩的男孩总爱不断挑战她的底线。但若是有位自信的女人愿意在他们玩得过火时将他们拽回来正途，他们绝对会兴奋不已。我对这类男人了如指掌，只要你肯停下来思考，你也可以做得到。

母亲型塞壬有着极为明确的是非观。传统的家务琐事，而非性格问题才是她关注的重点。这里的一切皆由她掌控，不容你置喙。能驱使她前行的未必是熊熊燃起的控制欲，而是真正的信念。不过，立志成为母亲型塞壬的人也应尽力将责备人成为一项极限运动。南方人最擅长不动声色地训斥人，我们大可借鉴他们的经验："天哪，你吃东西的样子让我不停地在想，那副叉子是不是在碍你的事。"

## 第四课：掌管一切

宴请宾客、景观设计、度假计划、私人派对……但凡你说得上来的细碎琐事，公爵夫人样样拿手。王子在家务琐事上极为依赖爱人的建议与管理，这使维系在两人间的纽带"更为紧密"。

婚后一早，沃利斯醒来时就发现温莎公爵立在床边。"现在我们
该怎么做？"由此足见母亲型塞壬强大的指导魅力。

男人抛弃糟糠之妻，转而投入秘书或是助理的怀抱。这是最
老套的故事情节。可是回头想想：有人说过这位秘书是一个毫无
条理的人吗？相信我，她一定是把操持琐事的好手，也是个会加
班加点的母亲型塞壬。在她无微不至的关怀下，那个曾经需要自
己动手泡咖啡的男人忽然之间连过滤器的位置都不清楚了，还甚
至会在订饭店或致电查号台时手足无措。

母亲型塞壬很清楚该如何为"老板"铺平所有道路。事实上，
连他自己都会奇怪，在她出现前的这段日子，自己究竟是如何撑过来
的。作为成长中的母亲型塞壬，你需要确保他无需亲临干洗店或是忘
了支付账单。不管困扰他的事情是什么，你都能找到化解之道。将
一切安排得井井有条，这样他才能更容易地乘风破浪。

## Tips

### 沃利斯的秘密档案

1) 叫自己的丈夫"小家伙"和"宝贝"

2) 将零钱扔进洗衣机清洗，并把纸币熨烫平整

3) 再三被誉为全球最佳着装女性

4) 为保持苗条身材，每天早起称体重

5) 据报道，陪在王子身边时，她曾与盖尔·川德尔，一位
英气逼人、魅力无穷的汽车推销员有染

6) 英国皇室只在公爵与她的葬礼上认可过她的身份

## 第五课：营造家的氛围

"鲜有女性愿意住进租来的房子中……并将它装扮出欢乐的家庭氛围，就仿若他们已在那里居住了两、三个世纪。"但在作家丽贝卡·韦斯特的笔下，沃利斯·辛普森无疑就是其中之一。她用一条简单的哲理将家务琐事提升到了艺术的高度："她的家汇聚了有年代感的好物件与颇具现代气息的良品。两者色彩相辅相成，互为补充，优雅尽显。"她的家就是微缩版的公爵领地。

将你的家布置得温馨一些，好叫男性访客感觉舒适。将他们也许不敢落座的细长古董家具请出房间，搬进加了厚软垫的家具、地毯，以及令人感觉舒缓的印花棉布。公爵夫人在房间里堆满了照片、绘画、奖杯、泳裤、书籍和纪念品，将巧克力色、猩红色、奶油色以及金黄色完美地糅合在一起，令王子重温了记忆中童年房屋的温馨之感。可不要小看了一只插满鲜花的花瓶。沃利斯就很重视它们。记住，没什么比长满霉菌的浴室更能凸显母亲型塞壬的失败了。

公爵的冰箱里烩干果、焗苹果和大米布丁等他的最爱从没断过。若想拴住男人的心，就要用你对食物的热爱，抓住他的胃。

# 突击测试：你属于母亲型塞壬吗？

你的身体里究竟住着何种塞壬？下列问题将助你发掘出自己的潜力。若你的肯定回答不少于八个，那你就是块母亲型塞壬的料。

1. 你是否在尽力使男人感觉舒适而不是向他们发出挑战？

2. 你擅长家务活吗？

3. 你是否认为，有时男人有特殊的性需求是件好事，只要不过度沉溺其间？

4. 你觉得男人受到不公正待遇了吗？

5. 比起希拉里，你更喜欢劳拉·布什吗？

6. 你擅长解决问题还是从中调停？

7. 旅行时，你会备好各色应急包吗？

8. 你相信要拴住男人的心，就需要先抓住他的胃吗？

9. 每每遇见一个男人，你都会试想他孩提时的模样吗？

10. 你认为纪律与秩序很重要吗？

11. 你喜欢被人依赖的感觉吗？

12. 你能在危机中保持平静吗？

# 原型有感

有心成为塞壬之人，若能尽快了解自己所属的原型类别，就能更为容易地将自己无人能挡的魅力发挥到极致。不过，请记住，不同类别的原型之间完全可以相互借鉴经验。母亲型塞壬大可在将他内心深处的需求奉若神明的同时，接过伴侣型塞壬的衣钵，共享他的激情。充满危险气息的现代母亲型塞壬帕梅拉·哈里曼就是极为经典的范例。塞壬间的界限并非泾渭分明，你大可以某种原型为主导，间或使用其他类型的长项。母亲型兼伴侣型、竞争型兼女神型、性感型兼母亲型的组合屡见不鲜。

需谨记自己力量的源泉。千万不可在马提尼中加入葡萄干，不然美酒就会醇香尽毁。例如，以难以捉摸著称的女神型塞壬就绝对不能让自己变得像伴侣型塞壬那般唾手可得。女神的魅力就在于她的神秘莫测及其永远不可企及的那种不可言说的光环。而伴侣型的力量则在于她能营造出亲密感。若想将两者融合到一处，就少不了一番仔细盘算。女演员莎拉·伯恩哈特的身上就完美地体现了这两者的长处。

除却原型，塞壬尚有无数种方式令自己变得魅力无穷：倾心交谈、幽默风趣、时尚优雅，甚至是她绝顶的厨艺。新晋的塞壬可以下列章节中的各色塞壬为楷模，而资深娇娃亦能从中掌握一些小窍门。你将见到伟大的女性是如何汲取原型之力，在自己的致命魅力上加盖独特印记的。例如，是什么使埃及艳后的形象如此长久地缭绕在人心头？凯瑟琳大帝是如何在香闺内征服那些男人？为何珊·萨兰登是思想者的梦中情人？神秘的面纱就此一一揭开。

# Chapter 2

环肥燕瘦

各有千秋

# 让人魂牵梦萦

　　有些塞壬的传奇千年不衰。她们在当时的男性身上留下了不可磨灭的印记，有时甚至利用自己摄人心魄的魅力更改了历史的车轮。可生活在你我之间的那些塞壬——比如，像你这样的人间尤物——又是一番怎样的景象呢？罗马人心中的埃及艳后永远美艳动人。你能如她那般，在自己的一方天地中让人铭记于心吗？与天下所有事物一样，这种魅力并非与生俱来。如若无法脱颖而出，就绝无资格拥有塞壬之名。

　　哪些塞壬让人极难忘怀？这份名单上可追溯到夏娃，下能推至妮可·基德曼与安吉丽娜·朱莉这般的尤物。这些女性之所以让人魂牵梦萦，也许是因为她们身上的每一处都生得精致，或是因为她们尤为擅长展现自己性感的一面。有时，她们让人心心念念的这种天赋不可言说。举世闻名的塞壬曾传承下来一些弥足珍贵的秘诀。这些秘诀将在我们的显微镜下一一展现。经过细致剖析，她们的经验也能转化成你的天赋。进行你独有的诠释，每位塞壬都有独一无二、绝无半点模仿他人之态。

　　你将在本章遇到的那些女性都将如何让人难以忘怀一事演绎成了一项极为高雅的艺术。对知情的塞壬来说，她们的名字本身就是一种久负的盛名。埃及艳后征服了众多罗马帝国的君主，她在尼罗河上游出现时的风姿让世人永生难忘。约瑟芬·贝克自诩为异类，她逆当时的潮流而上，让黝黑的肤色成了永恒的美丽。萝拉·蒙特斯用丑闻毁掉了一位国王的前途，而嘉宝之所以能成为嘉宝，也是因为她的古怪非常人所能及。因为可可·香奈儿，你的香气将永远萦绕他的心间。

取各人之强，集百家之长。

# 寻找你独有的香氛：可可·香奈尔

## 竞争型/女神型

"这款时尚饰品看不见摸不着，却让人回味久远。人未到处香先行，人影远而香犹存。"无可比拟的时尚教主可可·香奈尔如是说。她指的不是丝袜、手袋或是高跟鞋。亲爱的，她说的是香水。香奈儿是第一位调制出自己的香水、并以自己名字命名的设计师。这使香奈儿5号成为世界上第一款品牌香水。它的设计理念就是要唤醒"永恒的女性"。即便已离开他的房间多时，她的身影仍能在他的心海挥之不去。玛丽莲·梦露曾满足地说过，自己在床上时一丝不挂，不过却定会喷上点香奈儿。杂志《时尚》评论说，此举能让男人意乱情迷。不论身处何地，不论是"丈夫、情郎还是出租司机——没有人能够抵挡它的魅力。"自此之后，便再也没有比香水更具勾人魅力的东西了。用香奈儿的话来说，"没了香水，优雅就无从谈起……香水是你不可分割的一部分。"

加布里埃·博耐尔·香奈儿是革新之母——也许也是一位深谙粉饰之道的女神型塞壬。她的童年生活几乎与孤儿无异，但经她的手改写之后，这段卑微的身世却并不像《悲惨世界》那般凄凉。她曾有过一段短暂平庸的歌手生涯，可可这个名字就是在那时起的。机缘巧合下，她发现自己对时尚有着与生俱来的天赋。因为嫌套头线衫麻烦，她在去赛马场的路上剪开了衣服的前片。

可可在上面加了"一条丝带、一个衣领，以及一个摆得很美的蝴蝶结"。那天，这款衣服售出了十件。

"亲爱的，因为多维尔很冷，所以我穿了件套头毛衫。正是它开启了我的财富之路。"可可说。在情人的资助下，她在巴黎开出了第一家女帽店。此后，可可甩掉了紧身胸衣，剪短了头发。她将"小黑裙"、运动服、时尚饰品与短发裤装的复古装扮引入了当时的潮流。如果说她在1923年成功赋予了香水不可抗拒的魅力，那是因为它们的配方仿佛生来就烙在了她的脑海。"我长得并不漂亮，"她坦诚地对一位情人说。"你的确并非天生丽质，"他承认，"但我认识的人里，没有比你更美的。"至少，女人能够容忍这种言不由衷的恭维。

一想到要依赖男人过活，可可就会颤栗不已。人尽皆知，她一直坚信"没有爱情滋润的女人就会迷失方向"。男人无一不被她的性格力量所打动。在一位朋友的记忆中，她"娇小迷人，颇有些凯撒心中那位埃及艳后的风姿。"她既是说话直接、诙谐幽默的演说家，也是全身投入的忠实听众。当所有人都以为她已经沉醉其中后，可可又可能会凭空消失。她对待男人的方式极为随意。威斯敏斯特公爵就是拜倒在她魅力之下的芸芸众生之一。"公爵夫人数不胜数，"这位令人难以捉摸的塞壬拒绝了他的求婚，"但世间只有一个可可·香奈儿。"但愿优雅的法语能减小这句话的杀伤力。

可可的众多情人中有身价百万的骑兵军官、马球之王、娇弱的诗人、作曲家斯特拉文斯基，以及一位攻陷了巴黎的纳粹军官，法国人甚至因此质疑过她的忠诚。与许多竞争型塞壬一样，她对自己迷倒众生，却又不为一人所禁锢的能力引以为傲。可真正令她沐浴爱情之光的却是亚瑟·卡柏。这位别名"男孩"的放荡公子曾在回到可可身边前娶过一位年轻的女继承人。卡柏死于一场惨烈的车祸，而可可始终未能从这场悲剧中缓过来。"我们为彼此而生。"她说。但她是酷酷的竞争型塞壬，从未将悲伤写在脸上。

可可上了年纪后推出了香奈儿19号，并在自己身上做了市场测试。她告诉记者，有个男人在路上拦下她，问她这种萦绕人心头的香味来自何方。她说，"20岁的女人可以很美，40岁的女人可以很迷人，女人的一生都能散发出令人无法抗拒的魅力。"塞壬最好的配饰就是自己独有的香氛。

## 可可的经验

幼时的可可一直被教导说要用强碱皂将身体擦得干干净净，因此她极为厌恶"女性的体味"。终其一生，她敏感的鼻子既为她赢得了荣耀，也给她带来了不幸。她狂热地投入到自己独有香水的调制过程中，实现一番前无古人的事业。"我不要玫瑰或是铃兰的暗香。"她要的是时尚香水。"女人身上的自然花香感觉很虚假，也许自然的香氛只能通过人工合成。"香奈儿将西班牙茉莉花的萃取物与乙酸苄酯相混合，创造出了一种喷洒后仍能留香的香水。这将成为世界上最昂贵的一款香水，可其使用者的倩影却将久久萦绕在人们心头。在八款样品中，她选中了第五款，因此将其命名为香奈儿5号。

香奈儿5号也许能让他回想起自己青涩的初恋或是母亲的梳妆台。在我脑海里浮现出的则是风度翩翩的表妹乔吉。她虽身居巴黎，但许久以前却曾活跃在我童年生活中。她身材高挑，皮肤黝黑，常年皮衣不离身。她肆意放纵的生活带着异国情调，我永远也无法窥见其间的秘密。但我想，但凡她留下倩影的房间也都留下了香奈儿的回忆。现在，只要嗅到一丝香奈儿的气息，我就仿佛能见到她袅袅婷婷地立在我跟前。

## Tips

### 塞壬用香指南

Arpege 光韵（浪凡）

Beyond Paradise 霓采天堂（雅诗兰黛）

Chanel 香奈儿（5号、19号、22号、可可小姐、水晶恋香水、魅力女士香水）

Chloe 蔻依（卡尔·拉格斐）

CK One Electric CK电流快感

Eau D'Herm`es 爱马仕EDT之水

Tabu 禁忌女士香水（丹娜）

Femme 女性香水（巴黎罗莎）

Fracas 晚香玉（罗拔贝格）

Joy 喜悦（让·巴杜）

Lovely 俏佳人（莎拉·杰西卡·帕克）

Mitsouko 蝴蝶夫人（娇兰）

My Sin 我的罪（浪凡）

Opium 鸦片（伊夫·圣·罗兰）

Shalimar 一千零一夜（娇兰）

## Tips

Splash-Ivy 常春藤淡香水（马克·雅可布）

Tré sor 真爱（兰蔻）

White Shoulders 白色香肩（依云）

Youth Dew 青春朝露（雅诗兰黛）

香奈儿5号、马克·雅可布、兰蔻真爱女士香水……重要的不是你选了哪款，而是你是认真做出的决定。香氛亦能言语：大胆或是敏锐，辛辣或是香甜，它极为生动地向世界宣告了你的个性。选择能忠实协助你写下传奇的香气。你选中的香水应该能使你成为他记忆中无法磨灭的塞壬，而不是追着时尚脚步不断改变的女人。今夜，你留在他枕边的馨香令他怦然心动，而即便你收拾了行囊，跟着另一个男人远走高飞，这香气依旧能将你带回他心间。

不必在几场约会间急匆匆地杀入萨克斯百货，为何不飞到巴黎展开属于你自己的研究呢？听听五星级香料专家的意见。先从概括你的基本个性，以及最能激起你兴趣的香氛开始。一旦把范围缩小到自己所中意的香氛上，就不妨往身上喷一些试试。你感受到的是自己内心的塞壬，还是披着你外套的蹩脚的冒名顶替者？在封闭空间内，你是想迫不及待地结交此人还是立马闪人呢？

"不会用香的女人没有前途。"

——保尔·瓦雷里

"嗅觉比视觉和听觉更能拨动人的心弦，"拉迪亚德·吉卜林[3]说。喷洒上香水后，再去寻找生命中那个碧眼汪汪的男人。真命天子靠近之时，你绝对能够感受得到。

## Tips

### 淡香幽幽，过犹不及

在人行道上，你走在她身后。在火车车厢中，她经过你身旁。她身上的那股味道说不上令人难以忘怀，反而让人觉得她也许该洗澡了。若想抹去你甜甜的塞壬形象，没什么比过犹不及的香水效果更好。你不能将自己湮没在香氛里，相反，要让它显得自然。听从可可的忠告，在你想被他亲吻的地方轻点上一些香水。沐浴之后再擦香，而不要用它来掩盖你在健身房锻炼后的那一身汗味。

# 营造神秘感：葛丽泰·嘉宝

## 女神型

在葛丽泰·嘉宝退出公众视线许久之后，有位老友造访了她那间能够俯瞰纽约东河的象牙塔公寓。嘉宝离开房间斟酒时，他发现沙发底下有个古怪的小东西正在向外张望。靠近查看后发现，原来那"是个洞穴巨人。你见过那种塑料矮人吧，一头洋红与蓝绿色的代纳尔纤维头发又丑又乱。"显然，整整一方阵的洞穴巨人排列得整整齐齐。不过他从未开口问过嘉宝此事。但他每次去嘉宝的公寓时，方阵的行进方向都不一样。

呃。洞穴巨人？沙发底下？我觉得集邮这项爱好就够奇怪了。这是围绕"瑞典女王[4]"的又一个未解之谜。说起行为标新立异，并因此获得了掌控一切的力量的女神型塞壬，一定非银幕偶像嘉宝莫属。可以说，她的影响力至今仍未削减。她的光环建立在一个个神秘举动之上。"我不需要人陪。"在1932年上映的《大饭店》中，她对约翰·巴里摩尔说过这样一句台词。她光彩照人的脸庞上写满了痛苦、希望、疲惫、爱恋，以及——什么呢？——些许遗憾。此言一出，并被付诸实践后，她所有的怪诞行为就都找到了定义的基准。嘉宝到底是谁？她从未采取过任何行动，也没有给出只言片语来帮助我们解开这道谜题。

1925年，在莫里兹·斯蒂勒的帮助下，葛丽泰·洛维萨·格斯塔夫森途径瑞典斯德哥尔摩来到好莱坞。曾经"炙手可热"的导演斯蒂勒已淡出人们的视线。他在自己这位身材丰腴的门生身上看到了"久久萦绕在人心头的性感"。那时的嘉宝笨拙害羞、平淡无奇，但她心中隐藏着的塞壬却渐渐在银幕上苏醒，并且大放异彩。他为她起的艺名嘉宝，极为贴切。在瑞典语中，嘉宝大抵指的是"灵魂"。"瞧瞧那个女孩！""那双眸子中流露出的万千风情"令制片厂主任路易·B·梅耶深深折服。嘉宝立刻赢得了合约。"他完全清楚，自己找到了一个超乎任何人想象的性感女神。"女演员露易丝·布鲁克斯写道。"再也没有哪位当代女演员敢满意自己的表现了。"

　　嘉宝在好莱坞独领风骚不过15年，共拍摄了25部影片。《茶花女》、《野兰花》、《魔女玛塔》、《安娜·卡列尼娜》以及《异国鸳鸯》均是脍炙人口的佳作。从无声电影到嘉宝系列的有声电影，她是一直银幕上的第一人。"给我一杯威士忌，里面兑一些姜味汽水。宝贝儿，别太吝啬了。"这是《安娜·克里斯蒂》中的经典台词。她是"所有男人的梦中情人"，是法国人眼中的女神。"神志清醒时，男人心里全是嘉宝的浅笑。而醉意微醺时，他们又在别的女人身上看到了嘉宝的影子。"一位评论家如是说。哎呀，还让不让别的女人喘口气啦？


　　"不会有人愿意娶我——我不会做饭。"

——葛丽泰·嘉宝


　　"这张脸究竟有什么魅力？"导演比利·怀尔德问道。"你能从她脸上读到所有藏在女性灵魂深处的秘密。"此外，她的步态与众不同，沙哑的嗓子带着瑞士口音，献给银幕的那些"如饥似渴"的热吻流露着激情。不过，说实话，嘉宝当时丝毫没有感受到那些情感。倘若这一切出现在一位更为传统的贵妇身上，要不了多久，人们定然会将这段传奇抛至脑后。可嘉宝令人费解的行为却为她扇起了永恒的火焰。她稀奇古怪、难以捉摸，却因此令男人为她心神不宁。

接到晚餐邀请时，嘉宝不会说"抱歉"或是"我再看看"。相反，她的回答是"我怎么知道那天我会肚子饿呢？"她退回了一位制片厂主任送来的玫瑰，让他百思不得其解。她常说自己是老人或小男孩（我们至今都不清楚她的性取向究竟如何）。她需要独处，而且会以奇特的方式提出这种请求：航行在大西洋上时，嘉宝曾要求每晚在甲板上不同的救生艇中单独用餐。为了向两位深得人心的女演员致敬，演员韦恩·莫里斯将自家冷、热水龙头上的字改成了葛丽泰·嘉宝与安·谢里丹。两人中，只有嘉宝的影响力至今不减。

演员约翰·吉尔伯特第一次急切地想要迎娶她时，嘉宝将他独自丢在了教堂。再次举行婚礼时，这位落跑新娘又从路边卫生间的窗户里爬出去，溜走了。她就从未想过，可以礼貌地拒绝吗？虽然缺乏细致的描述，但希腊船王奥纳西斯、著名摄影师与服装设计师塞西尔·比顿、演员乔治·布伦特、金融家族继承人埃里·罗斯柴尔德、作家埃里希·雷马克以及指挥家列奥波德·斯托科夫斯基都曾被她迷得神魂颠倒，甚至无法自拔。"她征服了所有人，"比顿写道，"你会想把自己的头靠上她的膝盖，或是将脸任她亲吻。"只要能琢磨出法子，就能俘获她的芳心，所有男人都在她的怪癖中看到了自己的救赎之光。抽象主义绘画大师杰克逊·波洛曾声称自己在街上经过嘉宝身边后，三次陷入了爱情。但当他转身去追时，却就此失去了她的踪影。

《双面女人》杀青后，36岁的嘉宝选择了息影。可她的生活却未从此沉寂下去。接下来的50年中，她每天都会在乔装之后步行穿过纽约市区，而狗仔队则会窝在每个角落等待抓拍她的机会。传言不虚，嘉宝的确想要独处。她急急赶回自己摆满雷诺阿导演的电影、挂满波纳尔的画作，而且显然还排满洞穴巨人的公寓。

"我的故事都是与后门、边门、秘密电梯，以及其他进出方式有关，因为只有这样，人们才无法打扰到我。"

——葛丽泰·嘉宝

## 葛丽泰的经验

"她拥有最令人费解的魅力，并能对所有人运用自如。"谈及自己与嘉宝在英国共度的几小时，英国作家詹姆斯·轩尼诗是这般描述的。这样的开篇让人充满了美好的期待，可他接着话锋一转："但你很快就会意识到，她受过的教育少得可怜。她对神智学、节食以及一切古怪的话题感兴趣。与她交谈实在是沉闷无聊，你甚至会忍不住想尖叫。"这对嘉宝来说是个坏消息。可对别人来说，却有可能是一丝希翼之光。朋友们，对一些想把自己刻在人们心田的女性来说，空洞无聊正好挡在了她们的塞壬之路上。

你话音未落，男人的眼皮就开始打架了吗？你只热衷于谈论货比三家或是情景喜剧的回归吗？你调皮的笑容未能与俏皮眨眼的动作配合好，结果影响了你的魅力了吗？女孩们，我只是开个玩笑而已……你自然比这有趣得多。可饶是如此，培养一系列迷人的怪癖也没什么坏处。你也能成为别人心头无法抹去的魅力女神。

嘉宝的行事鲜少有人能够理解或是预料。其实，在很大程度上这成了她获得巨大成功的秘诀之一。她甚至都不会一直激进地要求保护隐私。嘉宝在得知管家收了游客的钱，放他们进来看自己裸泳后，立即解雇他了吗？完全没有。她反倒是笑得很开怀！

"现在，鲜少有人敢于标新立异，这是我们这个时代主要的危险。"

——约翰·斯图亚特·密尔

突然之间，情绪产生了波动，自己的言论前后矛盾，将自己罩在保密的神秘面纱下。只要运用得当，这些技巧都能为你所用。有报道称，嘉宝的早餐可以媲美机密行动，不过这一招可能有些老套。你绝对不会愿意像一只神经质的兔子那般抽搐不止。塞壬必须能够掌控自己与众不同的习惯，并使其彰显出自己洋溢着自信的个性特征。

你可以培养不少有益健康的恐惧症。收集一些铁制柴架或是听听格列高利圣咏。每周在柠檬汁或牛奶中沐浴一次。运动时选择骑独轮车、滚奶酪，或是玩冰壶。哪怕附近还有别人，也可以试试裸泳，或是像嘉宝那样，话说一半就玩失踪，因为你"想"一个人静静。要玩神秘，怎么可以拉下屡试不爽的通灵这招。既然女演员雪莉·麦克雷恩能因此深入人心，为什么你就不行呢？你还能在阅读时掏出一个长柄眼镜或是戴上一顶配有面纱

　　的帽子，这样回头率一定很高。你还可以在花园里种上大株的向日葵，并把墙壁刷成铁蓝色。

　　让嘉宝成为你灵感的源泉，淋漓尽致地展现你乖僻的一面。人们会久久地记住你做过的那些怪异但可爱的事。不过要确保这些怪癖确实能增加你的魅力指数，而不是让人心生厌恶。例如，养一屋子猫只能说明你是个老姑娘，这并不能显示你是拥有猫般高雅魅力的塞壬。尽全力变得风趣幽默又出类拔萃，而不是诡异吓人，让人鸡皮疙瘩掉满地。

# 华丽出场：克娄巴特拉七世（埃及艳后）

## 竞争型

"她搭乘铺满黄金的游船沿塔尔苏斯河顺流而上。紫色的船帆飞扬在风中，桨手们合着长笛、管风琴以及鲁特琴流淌出的乐曲，用银色的水桨轻抚水面。"这是古代历史学家普鲁塔克笔下臭名昭著的埃及艳后。她将自己装扮成爱与美的女神阿芙洛狄忒，斜倚在黄金布匹织成的华盖下。分立两旁、为其扇起习习凉风的侍童化身成了丘比特。一股"难以言述的浓郁"香气飘至河堤。花容月貌的侍女们则成了海洋女神。夜幕降临，点点星光自游船舱顶倾泻而下，勾画出一幅幅精妙的图案，呈现一派"辉煌的景象"。

罗马帝国的将军、政治家马克·安东尼曾召见过克娄巴特拉。只有将她的财富收入囊中，安东尼才有可能讨伐难以驾驭的帕提亚人。作为罗马行省之一，埃及只能不情不愿地奉上自己的财富，但雄心勃勃的女王打着自己的算盘：她爱自己的国家，并打算扩大它的版图。据说，"所有将军都对她策划的进攻方案甘拜下风。"她的登场序曲令安东尼惊艳，并为之折服。从此，他的心里再也不是一片静海。接下来的十年中，他就像是醉酒的圣诞老人一般，不断将罗马的土地拱手奉上，令罗马人懊悔了几世。属于史上最伟大的蛇蝎美人之一的终场大幕自此徐徐拉开。最终，这对爱侣在亚克兴战役中被罗马军队逼至绝境。安东尼为了克娄巴特拉引咎自裁。而克娄巴特拉随后也借小蝮蛇毒死了自己。两人被双双葬在尼罗河畔的亚历山大城。

岁月无法在她身上留下丝毫痕迹，
习俗也不能令她变化无穷的伎俩失去新意；
别的女人令人日久生厌，
而且她愈是付出，
却愈是让人觉得不满足：
因为即便是最丑恶的事物，
在她身上也会成为美好。

——莎士比亚，《安东尼与克娄巴特拉》

　　若说有哪位塞壬胸怀豁达高远，那一定是克娄巴特拉。她是托勒密·索特尔王朝的后裔，是大众的王妃，也是第一位愿意专程学习埃及语、阿拉姆语、希伯来语，以及浅显的叙利亚语的希腊统治者。她"飞扬跋扈、意志坚定、勇敢无畏、野心勃勃且活力四射。"一位传记作家这样写道——为了坐稳自己的宝座，她也毫不留情地屠杀了自己的兄弟姐妹。她的愿望是扩大埃及的疆域，令其重现亚历山大大帝时的辉煌。为此，她动用了手头的一切资源。不过，最终交易达成靠的还是她的个人魅力。普鲁塔克写道，"据说，她并非惊为天人，无法仅凭惊鸿一瞥就让人久久难以相忘。"然而，她的存在感却让人"无法抗拒"。尽管长着鹰钩鼻，"她的容颜依旧魅力无穷，加之她的个性力透一言一行……单单是听到她的声音就让人心生愉悦。"

克娄巴特拉似乎尤为擅长在男性面前留下令人不可磨灭的第一印象。她甚至会为不同的猎物量身设计各异的出场方式。安东尼并不是第一个被她的魅力俘获或是为其操纵的罗马权贵。就在几年前,凯撒途经埃及时发现克娄巴特拉不见了踪影——她的弟弟托勒密十三世通过皇庭剥夺了她的皇权。为了赢得凯撒的帮助,女王将自己裹在地毯中,命人偷偷送入了敌军领地。地毯穷而佳人现,克娄巴特拉的出现犹如一出戏剧,令凯撒大为惊叹。女王的才智叫他赞叹,女王的魅力令他折服,凯撒因此恢复了克娄巴特拉的王位,并将塞浦路斯送给了她。托勒密国王还只是个年幼的孩子,但他的生命已经永远终结在了尼罗河底。

还需要我来告诉你,克娄巴特拉属于竞争型塞壬吗?还是说男人们被一个如他们那般放肆的女人迷住了心智?为赢得埃及女王的芳心,凯撒和安东尼都抛弃了自己的发妻,对罗马民众的议论嗤之以鼻,并自寻了死路。若不是凯撒与安东尼在亚历山大城逗留"过久",现今的世界格局也许就不是现在这般模样了。克娄巴特拉藉爱情之名,将爱人逼至粉身碎骨的境地。而初次见面时的那句"你好"就已叫他们心甘情愿地拜倒在了她的裙下。

## 克娄巴特拉的经验

"她主要依赖的还是自己的容貌,以及由此带来的风姿与魅力。"普鲁塔克写道。与所有手握权势的塞壬一样,克娄巴特拉深知,自己必须在初次见面的人心里留下不可磨灭的印象。公元前41年是这样，现在更是如此。克娄巴特拉不得不与安东尼和凯撒经年分离，那时可没有电邮可以联系。她必须确保自己的出现足以吸人眼球，只有这样，以后的一切才好办。罗马人声名在外，她据此精心策划了自己的首秀，并一举俘获了他们的心。

安东尼在召见女王时，她迟迟不肯应约，借此不断增强他的心理预期。随后，她拒绝他的邀约，反而请他来自己的游船赴宴。"宝贝，"她这样叫道，也许用的是埃及语中的类似表达，"别那么麻烦。就让厨子在船上弄些饭菜吧。"可以想象，当他行至河岸，见到克娄巴特拉华丽的随从之后，会升起怎样一番敬畏之情。因他将自己视作酒神狄俄尼索斯，为了奉承他，克娄巴特拉就把自己扮成了阿芙洛狄忒。有传言说，这些神祇打算为臣民的"幸福"纵酒狂欢。她清楚安东尼喜欢闹宴，是位"大众情人"，喜欢舶来的奢侈品是他的软肋。因此，克娄巴特拉用"精致到难以言表的"酒水与饭菜招待他。她留意到安东尼"喜欢滥用粗俗的幽默"，于是亲自迎合他的喜好，"毫无保留地"款待他。最后，为了感谢他的赏光，她将家具与餐具作为礼物送给了他。安东尼被她的魅力深深吸引。克娄巴特拉当了他的情妇，而他则成了她的奴隶。

在老奸巨猾的凯撒面前，克娄巴特拉则选择了简化策略。她从毯子中轻盈跃出的倩影在这位极负盛名的战场谋略家心中深深刻下了一笔。她略带腼腆的魅力蛊惑了他的心神。我不是想替凯撒说话，但克娄巴特拉横空出现时，他一定觉得"这个女人不容小觑"。在一位传记家的笔下，这个21岁的年轻女孩"很快就将52岁的情场老手玩弄于股掌之间"。

自盘古开天辟地时起，塞壬们就是出色的舞台监督。她们懂

## 试试夸张的举止

刚从尼罗河河口之战凯旋的海军上将霍雷肖·纳尔逊初见戏剧女王艾玛·汉密尔顿夫人时，就为她神魂颠倒。艾玛占据了他全部的心神，当然，她一恢复活力，纳尔逊瞬间就坠入了爱河。他搬去与汉密尔顿爵士夫妇同住，在艾玛丈夫的眼皮底下继续与她卿卿我我。不过这又是另一段疯狂的故事，另一种类型的塞壬，有时间的话我们会单独辟一章细述。

得如何精心策划一幕深入人心的出场演出。影星卡洛尔·隆巴德能令人开怀大笑。在男人们对她垂涎欲滴前，舞蹈家约瑟芬·贝克将他们拒于千里之外。第一夫人杰奎琳·肯尼迪借助自己蔚为壮观的衣橱让人激动不已。你可能会更倾向于做帕梅拉·哈里曼那般的绝佳听众，这种第一印象令人难忘。也许，你会身穿一袭皮毛大衣，从劳斯莱斯上伸出玉足或是挽着一只大猩猩的手臂。你可以借着巧妙的开场白给人留下不可磨灭的第一印象。有时，越是简单的办法，越能叫人过目不忘。一袭红衣参加悍匪约翰·迪林杰葬礼的女士的身影一直留在人们心间。

学学克娄巴特拉，审时度势后再制定游戏计策。第一印象最为重要，这是让他因你眼前一亮的绝佳机会。你可以照着自己心血来潮的念头设计出场，也可以借此体现出你对他的脾性了如指掌。塞壬出场时，绝不能悄无声息——除非你也选择藏身地毯，被送入敌境。采用一些令人惊喜的元素，创造一些耳目一新的方式，藉此向人们宣告，一位令人难忘的塞壬刚刚步入房间。

# 放出丑闻的烟幕：洛拉·蒙泰兹

## 竞争型

1846年，洛拉·蒙泰兹来到巴伐利亚首府慕尼黑，打定主意要将自己的"西班牙舞"打入慕尼黑剧院。她的过去劣迹斑斑，曾因掌掴一位军官在柏林蹲过监狱，并遭到驱逐。她在华沙向喝倒彩的观众比划下流手势。因不知她还会要什么诡计，她只在圣彼得堡跳了一场，演出就被沙皇尼古拉一世叫停。慕尼黑优雅的影院主们自然不愿向她敞开大门。洛拉因而转向巴伐利亚国王路德维希一世求助。他瞟了一眼洛拉，很好奇她丰满的胸部究竟是"神赐还是人为。"洛拉贴心地挥起剪刀扯开紧身胸衣。于是，她当场就拿到了在中场休息时表演的机会。极具讽刺意味的是，那家剧院的名字就叫"着魔的王子"。

在那个时代，洛拉·蒙泰兹像维多利亚女王一般，名声显赫——或是臭名昭著；也像特洛伊的海伦后出现的那些塞壬，引来追求者无数。丑闻是她事业的基石，而她天生就有本事将这个雪球越滚越大。而且，消息越是劲爆，排队看她演出的男人就越多。她跳的是变化各异的塔兰台拉舞。洛拉随着音乐节拍有力地跺脚，追逐着隐藏在自己疏松的衣摆褶皱间那只虚幻的蜘蛛。从伦敦到华沙，观众一边买着黄牛票涌去观看，一边吵吵嚷嚷地大声非难。

"我是如此爱你。我甘愿尽我一生，透过双眼，献上我的灵魂。"因担心洛拉会倾心某位"蜂拥而至"的绅士，路德维希这样写道。他为她建造了一座城堡，封她为伯爵夫人。可洛拉却将他推下了满是丑闻的深渊。在君主政体走向毁灭的过程中，这些丑闻无一没有推波助澜。

　　"参加蜜月旅行的人是不是多了点？除了我们俩，还要带上一群赶不走的家伙吗？"

——洛拉·蒙泰兹

　　洛拉出生在爱尔兰的利默里克，原名伊丽莎·吉尔伯特，是士兵与女帽设计助理的女儿。她的早年生活尚十分体面，童年在印度度过。据说，当时这位碧眼美女的性子就阴晴不定。为躲过父母包办的婚姻，15岁的伊丽莎与一位名叫托马斯·詹姆斯的中尉私奔了。这段感情生活并不愉快，5年后她就离开了托马斯。可在搭乘客轮返英的途中，她又与同行的乘客闹出了绯闻。深陷桃色新闻的伊丽莎逃到了西班牙。一年后，她以舞蹈家玛丽亚·多洛雷斯·德·波利斯·伊·蒙特兹的身份重返伦敦。

　　奇怪的是，尽管记者们都认为她的口音很杂，媒体仍在洛拉的伦敦"首秀"上称其为"纯粹的西班牙舞者"。她的舞姿有伤风化，勉强够上优雅的标准。人们觉得，散发拉丁气质的女人就该如此。她"活泼顽皮，极尽挑逗之能事"，显然那位夹着方头雪茄吞云吐雾，挥着匕首或舞着皮鞭的贵妇还未出现。然而，悲剧在她鞠躬致谢时降临。詹姆斯中尉曾公开提出离婚诉讼，因此有人认出她就是那个不贞的女主角。观众开始讽刺挖苦并喝倒彩。伦敦皇后剧院决定停演她的舞蹈。对她来说，是时候转战另一座城市，用全新的丑闻为自己铺就一条康庄大道，让无数男人肝肠寸断了。

洛拉将自己"杀气腾腾"的脾气拿捏得十分得当，引来大批欧洲贵族捧场。无疑，她的行径让人愤懑，但真正叫人震惊的还是她在台下的放浪举动。她将玉腿架上男人的肩膀，以此彰显自己身体的灵活性。这种不道德的行为引来公众骂声连连。在华沙，她粗鲁地拒绝了权势强大的总督的求爱。在德累斯顿为作曲家弗朗茨·李斯特举办的私人聚会上，她跃上桌面热情起舞，毁掉了酒店的客房。

尽管酒店的所有损失都算到了李斯特的账上，他却对此甘之如饴："哎，你可得见见她！"他在提到自己的心上人时写道，"每一刻，她都能呈现出崭新的一面。她变幻不断，新点子层出不穷……其他女人在她的面前简直苍白无力！"

洛拉摇身成了路德维希一世的正牌情妇，在慕尼黑攀至了自己丑闻职业的巅峰。在她的影响下，路德维希的内阁成员纷纷请辞，取而代之的是所谓的"洛拉内阁"。她有权制定政策、选择雇员。年轻的士兵（人称洛拉亲卫）可以卧在她枕侧，但冒犯过她的人士却遭受了打压。路德维希的顾问们对他旁敲侧击，可路德维希却对这些谴责自己的言论充耳不闻。整个慕尼黑骚乱成一片，最后，洛拉灰溜溜地走了，而路德维希则被迫交出了皇权。

在与第二任丈夫结合时，洛拉并未与前任解除婚约，因此她一直在逃避重婚罪的指控。她向一位编辑发出挑战，请他用毒丸进行决斗。环游世界后，她在加州短暂停留，甩掉了许多夫君与情人。这总比将他们摆到明面上要稳妥。她写了一本论述美的书籍，并成为一位深受欢迎的女权主义讲师。对于女性，她有何忠告呢？"把自己变成一只长满利刺的豪猪"、甩掉奴隶这种定位、开发智力、接受情色艺术——这是一位真正的竞争型塞壬的肺腑之言。洛拉身后留下一句名言，"没有洛拉弄不到手的东西。"

## 洛拉的经验

鉴于洛拉在其他欧洲首府令人不齿的行径，在其抵达慕尼黑后，路德维希的顾问们曾建议他对这位舞娘敬而远之。他们告诉他，洛拉曾在柏林一家餐馆中将一只香槟酒杯敲碎在一位士兵的脑袋上，仅仅因为他充满倾慕的眼神令她不快。随后，她又因鞭笞事件被判入狱14天。她对观众比划的"无礼手势"在华沙余震未消。可这些报道却只挑起了人们对她的好奇。他们承认，从好的方面来说，再也"不必为票房问题发愁，因为她的名声能将好奇的人们引向剧院"。国王即刻召见了洛拉，待夜幕降临时，他已经"完全被她心中的那把火以及无限激情所征服"。

在性爱录像流传开来前，有多少人知道帕丽斯·希尔顿？顶多听过这位被宠坏的女继承人的名头，知道她有时客串模特而已。虽然也许仍然屈居小甜甜布兰妮之下，可自从视频在网上曝光，帕丽斯就成了美国人心中的头号性感女神。参加脱口秀时，希尔顿只消玉口一开，说句"热辣极了"就够了。提到丑闻，我们不会那么快就将乐观好胜、热烈多情、充满生命力的莫妮卡·莱温斯基抛到九霄云外。不论愿意与否，她的余生都将因其与美国总统的一段绯闻而受益匪浅。正如社会学家所说的：聪明的女人会利用自己的罪恶赚取名声。丑闻只会增强塞壬的威望。骚动的规模愈大，人们就愈难对其忘怀。

　　历史告诉我们，最迷人的丑闻就是与已婚政治家翻云覆雨。当然，前提是你得将自己的不慎言行透给媒体。在这一问题上，聪明的塞壬可能还需要扮演公关经理的角色。不过，也许你会觉得一段与政客的桃色新闻有些过于雄心勃勃、过于聒噪。心怀抱负的塞壬并不需要站到风口浪尖，她可以通过很多小事来营造自己坏女孩的形象。

# 凸显异国情调：约瑟芬·贝克

## 女神型/竞争型

"她究竟面目可憎还是令人销魂？她是黑人还是白人？"1925年秋，在《黑人滑稽喜剧》的首演式上，一位评论家发出了连珠炮似的提问。这位带有异域风情的舞者初现舞台时，就像藤蔓一般缠绕在搭档身上，长腿劈开，犹如剪刀一般直指天空。令人瞠目结舌的是，除了脚踝与腰间系着的粉红色羽毛，她几乎全裸出演。她立在推车内缓缓登台，仿若一段"乌木雕塑"，充满了野性、性感与张扬。她抬起胳膊，颤抖着比出了爱的宣言。她的动作虽然沉默无声、充满异域风情，但其间的含义却不言自明。观众席中瞬时爆发出尖声的致意，一浪高过一浪。接下来发生了什么已不再重要。香榭丽舍大道上的咖啡馆中谈论的全是这位来自蛮荒之地的舞者。又一段塞壬传奇就此诞生。

"约瑟芬·贝克的出现恰逢其时。"一位观众如是说。战后的欧洲疲惫不堪，急需重要的新鲜事物来让自己心跳加快，活力再现。约瑟芬正好是那一剂补药。借着美国爵士乐热潮的东风，约瑟芬·贝克将查尔斯顿舞与自己独有的带着希迷风味的土著舞糅合到一起，掀起了一股新的风潮。这是"独具一格的色情表演"，或者如她所言，是音乐在透过她来传达自己真实的声音。然后就是她自由的身躯，它不同寻常的美丽令人心醉，也叫人困顿。她的身上有蛇、长颈鹿、豹或蜂鸟的基因吗？毕加索一语奠定了她的形象。"她是现代的奈费尔提蒂。"迄今为止，法国只出过两位约瑟芬。你能知道另一位是谁吗？

有多少位女神过着灰姑娘般的童年？瘦骨嶙峋、长相平平的约瑟芬·芙丽达·麦克唐纳生长在圣路易斯的贫民窟。少时的毫不起眼与无人问津丝毫没有浇灭她内心肆意燃烧的雄心。约瑟芬13岁时就已辍学，20来岁已结了两次婚，并选中了贝克这个姓氏。她削尖脑袋挤进了一档名为《蹒跚而行》的黑人旅游节目。约瑟芬打破常规，在合唱节目中滑稽地翻白眼、扭屁股，对节目大加戏谑。制片人原打算将她请出栏目，可观众却要求增加她的出镜率。她那身颇具传奇色彩的香蕉裙呢？那是贝克在"疯狂牧羊女"剧院的舞台上横扫巴黎时出现的。

在巴黎，约瑟芬是一股刮自异国的清风，而她也很精明，知道如何将这一点发挥到极致。在摄影师的镜头下，她或是身穿名师设计的礼服在"做家务"，或是赤裸着身体将一只圆滚滚的龙猫顶在头上。她也会坐在别致的车厢内，任由一只鸵鸟或是拴着的两只宠物虎牵着在巴黎街头漫步。她会涂上绿色的指甲油，把仆人打扮成水手。她那从不离身的宠物军团中包括一只宠物猪、一只能叫出节拍的狗，以及一只喜欢在她沐浴时蹲在浴缸边缘的猴子。约瑟芬将一幢度假屋称作是自己的家，而她锦上添花的神来之笔就是将这座巨大的城堡变成了一座迪斯尼乐园。

约瑟芬高超的舞台表现力与"她传奇般的人生"一样，极负盛名。她"无厘头的魔法"甚至在那些心生厌倦、老于世故的人身上也屡试不爽。艺术家毕加索、曼·雷以及让·谷克多都像"害了相思的毛头小伙一般，为了追逐她的身影踏遍了整个巴黎"。作家兰斯顿·休斯不肯放过任何有关她的照片及报道。海明威则认为"她的美盖世无双，永远无人能及"。她象征了一个狂野的新时代中所能给予的一切自由，艺人与公民间的界限开始模糊。

大约有1500人曾向约瑟芬求过婚。当然，其中大部分求婚者她都未曾谋面。有位仰慕者甚至是当街求婚。她的一生中，至少举办了五次结婚仪式（尽管并不是所有仪式都合法）。其中尤其值得一提的是她与自己的经纪人"佩皮托"的一段婚姻。这位无足轻重的伯爵成功将其形象产业化，并赋予了其收藏价值。约瑟芬反覆无常、奢侈狂放、厌恶千篇一律的东西，她使出了女神所有的诡计来诱惑世人。男人，或是女人，在卧室中被她成功"征服"后，才会发现有些环节出了纰漏。她与所有的竞争型塞壬一样，在性事上颇具掠夺性。

"我再也不玩异国风情了。"约瑟芬说。她已经下定决心再下嫁一位法国丈夫，扮好中产阶级妻子的角色。可她身体中流淌着的塞壬血液是绝不会点头的。二战期间，她乔装成盟军间谍潜入北非，混迹到伊斯兰教徒成群的妻妾中。回美国后，她加入了齐格菲歌舞团，觉得自己比法国人还具备法国气质。她领养的12个孩子来自世界，简直可以组建一个"彩虹部落"。同样，她也没能逃过一次又一次令人咋舌的破产。当她在巴黎复出时，受到了归国女王般的欢迎，可几天后她便与世长辞。

## 约瑟芬的经验

"美貌？那全凭运气。老天赐了我一双美腿。至于其他部分……那些一点儿也不美，不过倒是挺有趣的。"约瑟芬洗完手中的牌后，终于发现了那张能令自己与众不同的牌。喜剧天赋使她的路越走越宽。她可以在做出斗鸡眼的同时，"让身体摆出各种惊人姿势"。而另一方面，巴黎更能欣赏深层次的东西。"我为音乐狂。即便我的牙齿和眼睛因发烧而疼痛不已，音乐依旧能让我临时起意，即兴发挥。"约瑟芬说，"每一次跃起，似乎都能触摸到天际。可一旦落地，我又回复到了孤独的境地。"

卸下假睫毛、褪去长礼服，摘掉会让你看上去像埃菲尔铁塔的头饰。别再打香蕉和波浪的主意，那些都会叫"法国人难以忍受"。把宠物送回动物园，并用巴黎来换密苏里州的路易斯。那里是约瑟芬的时尚地盘。这样，你就能见到未经雕琢的约瑟芬·芙丽达·麦克唐纳——一个梦想远大、有志征服世界的女孩。"我没有什么天赋。"约瑟芬如是说。她的歌声听起来充其量也就是"由一只加了衬垫的铃舌搅起的破铃声"。她所拥有的东西要美好得多：她是一个魅力四射、具有独创性的人。

身上洋溢着魅力的人总会带来一些非主流的东西，一些稍许离经叛道的想法。那些难以言说的思想也许来自她们灵魂的深处。有时，这些东西会有意藏身在某些表层之下。改名后的玛塔·哈里旋起了印尼舞，顿时异域风情十足。这种特异性可以是一种容貌、一种风格或是一种全新的思维方式。单是想要脱颖而出的这种愿望就能引发绝对的意志力，而它则可以从中破茧而出。你会油然生出一股信念，觉得自己由不同成分拼凑而成。对约瑟芬而言，这种风姿在她无穷尽的本能中尽显，并令她成了一只孔雀，沐浴在专为各种奇异鸟类营造的气候环境中。她"身姿丰腴，这位法国新晋的模特首次证明了黑人也可以很美。"一位评论家说。

还记得歌手雪儿整容前的样子吗？对一心策划密谋的人来说，如她那般的鹰钩鼻必不可少。当然，还有那些在更为迷人的地方上裁制，并运至好莱坞的奇装异服。对某些人来说，新的语言环境就足以改变一切；无疑，它的确帮助约瑟芬迅速成名。即使观众并不清楚你在说什么，但单是你的口音就具有来自异域的吸引力。你究竟何处与众不同？也许吉普赛人养大了你，□而马耳他则是你的故乡，抑或是命运之神在某些方面为你添上了浓墨重彩的一笔。

扔掉那些教女人该如何行事的入门书籍与文章吧（当然啦，这本除外）。不要淡化你与别人的差异，而是要将它们融入你的性格，让自己变得更加有趣。只要你对它信心满满，甚至连缺陷都可以成为你独有的标志，助你成为非同寻常的魅力女子。我认识的一位女性就将自己颧骨上暗红的胎记视做独一无二的标志。她是如此锐气四射，你禁不住会后悔自己为何就没有这样胎记。亲爱的，只消少许新奇事物就能促进整个事件的发展。

也许你常伴君王枕边与身侧，也许你天赋异秉、风格标新立异或是世界观荒唐至极。也许你是隐匿在黑社会的卧底或行走在钢丝上的杂技演员。不论什么，亲爱的，都请将它做好，除非你与大众的区别仅仅在于你的强迫症更为严重而已。若是这样，就请想想：在西班牙或塔希提岛，你可能就是一个新事物，并因此受人追捧。让我在此成为第一个祝你一路平安的人。记得带些香蕉去，说不定你需要换一些装束呢。

## 你能令人难以忘怀吗？

你是一位传奇人物吗？还是说你仅仅在自己的幻想中叱咤风云？对于下列问题，你回答中的"是"越多，你就越令人难以忘怀。要是你的答案全是"否"，也许就该重头开始了。

1. 初次介绍后，男人能记住你吗？

2. 人们会不会对你的一些轶事津津乐道？

3. 你是否在有意无意间，闹出过一些丑闻？

4. 若是有的话，你的感觉好吗？

5. 你敢于做或说一些也许并非完全正确的事吗？

6. 你是否拥有能令别人心旷神怡的独有香氛？

7. 你是否寻找过能让你脱颖而出，而非默默融入的场景与环境？

8. 你是否对自己可能给别人留下的印象漠不关心？

9. 别人认为你很古怪还是"独一无二"？

10. 你喜欢闪亮登场吗？

11. 你的礼服能让你在某些方面脱颖而出吗？

12. 你是否在或大或小的事上拥有受人认可的天赋？

# 展示最美的自己

　　所谓塞壬，未必个个倾城倾国。事实上，现身《塞壬的诱惑》一书的女性之所以魅力无限，依仗的并非只是一张传统意义上的漂亮脸蛋。然而，塞壬们天生就懂得如何估量自己的美貌。这既是本性使然，也与骄傲有关。它可以令塞壬信心爆棚，能量满格。且不论我们能否成为塞壬，这世间又有谁无需推销自己呢？

　　塞壬擅长善用自己的资本，但这并不是说你不会撞见她顶着一头乱蓬蓬的头发，套着一件沾满油漆的T恤四处闲逛。事实上，不少时候，那副随性凌乱的模样倒不失恰当。可一到重要场合，这些迷人的妖精们就会使出浑身解数。梳什么样的发型，配什么样的装束呢？这些都是女性的战略决策。当然，她们也乐此不疲。不过，你也许会发现，能让你全力以赴的方式远不止你最初以为的那几样。你需要考虑自己的整体形象可能产生的效果。

　　许多魅力女神都是时尚大咖，可杰奎琳·肯尼迪却将格调变成了自己的专属哲学。尤为重要的是，她克服了自己眼中的一大串生理缺陷，反令自己看起来充满了时尚感。你觉得妮可·基德曼的一头披肩长发感觉如何？在飘逸的长发面前，还会有人不愿陷入那般的温柔乡吗？玛哈雷塔·泽莱以玛塔·哈里的身份，提升了自己的塞壬之力。她为抱负远大的魅力女郎留下一条宝贵经验，即，取一个好名字很重要。女神莎拉·伯恩哈特是最早跻身国际巨星行列的艺人之一，她动听的声线倾倒了众生。我们将在本章遇见塞壬世界中的几位"营销大师"。

# 让秀发飞扬：妮可·基德曼

## 女神型

1861年春，《冷山》的男人们正热火朝天地准备着在内战中抗击北方军。但W.P.英曼与艾达·梦露间相互探寻的目光与羞涩的言语却在诉说着另一个故事：爱情。或者可以说是束身衣与裙衬下的情色故事。萨姆特堡战火纷飞时，英曼应征赶赴前线。他缠绵悱恻地吻着艾达，而她也承诺会待他归来。三年后，他逃离部队，徒步从战场回到家乡的艾达身边。要知道，这两个孩子根本不怎么了解对方，可我们知道他们之间的爱真真切切地存在。艾达盘起的长发是如此性感，英曼冒着风险回到她的身边也值了。

如果滤掉《冷山》中的一切台词，这部由妮可·基德曼与裘德·洛主演的电影的主线就完全可以凭借艾达发式的变化来表现。起初，她如温婉佳人一般将秀发梳得服服帖帖。战事一起，鸟儿甚至会将她纷乱的头顶误认为自己的窝。英曼一步步迈近家乡时，艾达的一头金丝就垂至了腰际。自由飘逸的发丝昭示着她将自己献给英曼时甘之如饴。她就是长发公主，放下发辫指引王子攀上高塔。在童话故事般的恋爱场景中，两人的身体交缠到一起，滚入了艾达瀑布般的长发中。

若你也打算拍一部以秀发为次要情节的电影，上佳的选择就是请到妮可的一头秀发来出演。那可是全球关注度最高的发丝之一，至少一项针对男性的在线调查结果是这般说的。那一头长发令她的塞壬身份增色不少，甚至进一步巩固了她的地位。妮可意识到了它的无限魅力，因此开始明智而审慎地对待自己的秀发。年轻时，她的一头卷发肆意飞扬，仿佛在呼喊着："将我散开吧，你会见识到意想不到的性感。"这位举止谨慎的女神在一步步迈向巅峰的同时，渐渐梳起了紧紧的发髻与马尾。现今，沐浴在爱河中的妮可散下了一头披肩发，早年的那位塞壬以更时尚的形象出现在世人面前。

妮可·基德曼出生在澳大利亚一个氛围较为自由的克利弗似的家庭中。她的身上展现了女神型塞壬对怪癖的偏爱。"我极度渴望能成为另一个人。"她说。同伴们拿她的个子、过于白皙的肌肤以及乱蓬蓬的头发开玩笑。参加某次模特活动时，美发师卷起了她的秀发，于是她"拉斐尔前派天使"的形象就此诞生。她仿若袅袅立于半片蚌壳中的维纳斯。"妮可仅仅让自己的秀发回归了自然状态，就发现了自己的精髓所在。"一位朋友说。

尽管妮可对自己的定位是邻家澳洲女孩，她的形象却依旧令人炫目。她觉得自己曾像角斗士般奋力争取过许多角色，而仿佛又是在"命运"的指引下如愿以偿。在与汤姆·克鲁斯十年的婚姻生活中，妮可的形象似乎就是座大理石雕塑。我们可以从两人泄露出的通话内容中了解到，克鲁斯——满足了她对鲜花、浴室与情书的要求，这些都是女神型塞壬的最爱。这段婚姻近乎完美，因此，忽然间传出的离婚消息令世人震惊。我们永远也无法知晓究竟是哪里出了错。此后，她嫁给了乡村歌手凯斯·厄本，成为他圣洁的妻子。

妮可以其周身散发的神秘气息傲视好莱坞。即便在她纵容公众要求坦率对话的时刻，这种气质也依旧没有散去。让我们从她的秀发中寻找种种蛛丝马迹吧。在影片中，它们曾经被剪短、被染黑或漂成紫红色；它们曾经发卷弯弯，也曾直发飘飘，可男人最爱的还是她在《雷霆壮志》、《体热边缘》、《大地雄心》或是《红磨坊》中那个罹患肺结核的莎廷等拉菲尔前派的形象。只有在香奈儿5号——那是属于莎廷的香气——的广告中，她才真正释放出能直击人心的性感电流。若是没了那一头金丝，她还会是今天的女神吗？

## 妮可的经验

夏娃是靠着可爱的波波头诱惑亚当的吗？特洛伊的海伦借着光头指挥战舰吗？你听过哪首赞美诗歌颂的是短发吗？我想应该没有吧。我们唱的都是"给我一头秀发，美丽的长发；亚麻色的秀发灿烂、闪耀、顺滑、柔软；放下你的秀发！"如果你还不信，那就再瞧瞧在《费丽丝蒂》中出演天使般女大学生的演员凯丽·拉塞尔。自她剪断了一头长发，人气就开始骤降。格温妮丝·帕特洛、詹妮弗·安妮斯顿，以及莎拉·杰西卡·帕克都有过这方面的惨痛经历。

"我只知道，从没有男人抱怨过我这一头长发。"同样身为塞壬的演员珍·西摩说。嗯，当然不会了。没有哪个女人会对这种偏好持有异议。可这究竟是为哪般呢？早期的基督徒认为女士的秀发是其生殖器的一部分，它能从多情的胡佛总统这类人身上引来精液。这一理论与红男绿女凭着本能就明白的事不谋而合：美

丽的秀发能散发出强烈的性感气息。不然为什么世界许多地方的
女性都被迫将秀发遮起？即使是男人，也会将秃顶与男子气概不
足等同起来。

一头美到无言的长发会令其主人产生热电效应。妮可的影响
力多半源自她的秀发。在现身公众场合前，每寸秀发滑落的位置
就要经过细致的考量。一两个松散的别针就能让缕缕发丝从盘起
的发髻中悄悄散落。这是面上一本正经，内心却性感无比的图书
馆员的经典形象。长发彰显着年轻，可如果你像妮可那样，依旧
无法抵挡优雅地迈向不惑之年的脚步呢？"所谓的年龄因素全是
一派胡言，"《时尚》杂志如是说。事实上，"头盔似的短发很
显老。"黛米·摩尔、珍·西摩尔与蕾妮·罗素都很清楚：长发会让
你看上去更性感。

在秀发的问题上举棋不定了吗？那就让它继续生长吧。尽量
让头发显得浓密性感。在选择发型时，没有哪位塞壬会将实用性

摆到第一位。不要因为现在流行短发就选择跟风；也不要因为打理起来麻烦或是头发太过稀薄就将它剪短。专家们说过，秀发若不及颔线，你的魅力就可能打折。除非你与那些拔光毛后依旧美丽的稀有鸟儿是同类。马丁·路德有句箴言说，"女性的秀发是其最为多变的饰物。"就让它自由生长、变得蓬松，并尽情设计各色发式吧。假发？那简直是天赐之物。

# 独步潮流之尖：杰奎琳·肯尼迪

## 女神型／伴侣型

"我想真真切切地成为这世上最会穿衣服的女人，而不仅仅只是表面上的最佳着装女郎。"杰奎琳·肯尼迪说。1961年，这位新鲜出炉的第一夫人在动身前往国外旅行的几周前，与时装设计师奥列格·卡西尼联手，疯狂地整理起自己的衣柜来。

"你有机会，"卡西尼顿了顿说到，"在美国打造一间凡尔赛宫。"这可令美国总统以旧世界皇室的形象示人。但这么做，过犹不及的风险相当之大。要是她看起来像是为时尚而狂的绝代艳后玛丽·安托瓦内特，他们是否会想要砍下她的头颅？或是一身红色卡丹套装配卡西尼设计的由丝绸与羊毛制成的长裙，或是身着装饰亮片的粉色雪纺晚礼服，杰奎琳引得各国元首心猿意马。"她的成功无以复加。"肯尼迪开着玩笑说，"我倒成了那个陪杰奎琳·肯尼迪逛巴黎的男人了。"到1961年底，杰奎琳已成功跻身全球各大杂志票选出的年度最杰出女性。

"至少，我们可以透过这个女人的穿着知道，她对自己的身份以及想留给别人的印象一清二楚。"一位记者在事后这样写道。她既不是富兰克林的夫人埃莉诺，也不是艾森豪威尔的妻子马米。她打算步19世纪的塞壬、雷加米埃夫人（她的名声倒不那么正派）的后尘。她风姿卓绝。由她一手操办的沙龙对法国宫廷生活产生了深远影响。"我既不想下矿井与工人为伍，也不愿成为优雅的代名词。"杰奎琳说。"我永远不会染指政治或是混迹俱乐部，因我自知我并不热衷社团活动。"她将新、旧世界的价值观糅合到一处，意图将美国的形象设定为世界上首批干练的现代人。人们说这是最接时尚气息的政治。

如果美国真有贵族存在，那么杰奎琳·李·鲍维尔就一定身处贵族圈的中心。即便如此，杰奎琳的父母珍妮特与杰克·鲍维尔——早已离异——在女儿降临人世时，依旧没有多大信心。但女神的种子就此悄悄埋下。少年杰奎琳的魅力源自她的沉默寡言，日后她历久弥坚的耀眼地位亦得益于此。因为高贵优雅，她入选了年度社交新秀。在瓦萨尔学院求学期间，小伙子们想破头颅都没能约到她。这位崭露头角的女神超凡不俗，有些爱幻想，又有些书生气。她紧闭心门，令人抓狂。在法国求学一年后，归国的杰奎琳决心过一段有意义的人生，于是便取消了婚约。原本若是嫁了过去，她就能住进派克大街，过上每晚品着鸡尾酒等待8点开晚宴的日子。

杰奎琳遇见37岁的杰克·肯尼迪时正值24岁，是华盛顿一家报社的摄影师。当时，杰克正准备竞选参议员，与此同时，他爱情玩咖的名声也渐渐成型。杰奎琳老练、睿智、看上去冷静自持，正是杰克无力抗拒的那类女人。但他却并未一直表现得殷勤体贴。察觉自己被冷落了之后，杰奎琳做了女神们最擅长的事。她不回电话，或是整个周末不见踪影，也不留只字片语。收到杰克的求婚后，她没有立即给出答复，而是去欧洲大陆逛了几周。（你爱的不就是她的自制力吗？）虽然对于杰克的花心她心知肚明，可却依旧为他承诺的美好生活所吸引，后人称之为卡米洛王朝。

　　"她对自己的历史地位有着敏锐的触觉。"记者玛莉·布蕾纳在《女中豪杰》一书中写道。杰奎琳并不打算改变女性的命运，而只想以第一夫人及伴侣的身份施展出巨大的影响力。她为杰克的讲稿润色，替他的书做编辑。杰克十分依赖她天生的高雅气质。她将白宫装饰一新，邀请崇尚高雅文化的名门望族共进晚餐。杰奎琳的血液中流淌着时尚的因子，因此她像美国女王一般主宰着有关品位的一切事宜。教皇约翰二十三世会在见到她时张开双臂，拖长声调喊着"杰——姬！"赫鲁晓夫甚至会挤过肯尼迪去与她握手。她的公公——乔看到儿媳霓裳外交取得的成就后，果断在其购置服装的账单上签了字。梦想着能像杰奎琳那般魅力四射的女性们纷纷换上A字裙，戴上无边礼帽，披起粉彩套装。杰奎琳改变了世人眼中美国人的形象，也扭转了我们看待自己的方式。

　　肯尼迪过世后，杰奎琳依旧备受关注。与戴安娜王妃一样，她的所到之处，狗仔队无处不在。她嫁给了粗鲁的希腊船王亚里士多德·奥纳西斯，但这段婚姻没能维系很久。她成为了纽约的一名图书编辑。但凡有她出席的活动都变成了一场时尚大餐。半个世纪后，她的传奇仍旧没有褪色。她永远都是人们心中衣着出众的第一夫人，我们不会忘记她穿过的那些霓裳。

## 杰奎琳的经验

"说起外貌，我身高一米七，个子高挑，棕发方脸。可不幸的是，两只眼睛间距过宽。配镜师得花三周才能为我定制好一幅瞳距足够宽的眼镜。"在瓦萨尔学院时，杰奎琳曾申请过《时尚》所举办的巴黎大奖。"我没有傲人的身材，但如果选对了衣服，我就能让自己看上去显得很瘦。"瞧见了吗，我们的烦恼杰奎琳一样也有。没错，她有本事利用一条别致的腰带把一条经典的裙子或裤子变得异常时髦。她的审美能力从未出过错，这就是她魅力的精华。不过你可不要骗自己。为了能产生这样的穿衣效果，杰奎琳可是绞尽脑汁思索了很久。

在她之前，女性们偏爱打褶裙、束腰衣和泡泡袖。杰奎琳并未顺应时尚潮流而动，而是引入了一种流线型的服饰轮廓。"我们见到她就会想'真简洁!'"纪梵希说，"……她很了解自己的身材与容貌，清楚适合自己的风格是什么。"她"本能地知道什么样的衣服……能衬托出自己的气质，"另一位时尚达人写道，"而什么样的衣服绝对不能穿。"她坚持穿纯色的衣物，采用经典的剪裁，走的是运动路线。她会用高腰礼服来使自己的腿看上去更加修长，用一字领上衣来凸显自己优雅的锁骨。她令自己看上去美丽动人，并"打破了人们对于梦中美国情人的形象的固有模式。"20世纪50年代的丰腴的金发女郎身上又加入了运动以及深沉干练的元素。

　　何为格调？"对某些人来说，所谓格调，就是永远知道哪些装束能将冒牌的时尚达人与真正的时尚精英区分开来。"《格调的力量》一书这样写道。格调绝对不是满满一柜子纯粹冲着名牌而买的衣物。我认识的一位富有女性会以高价购入一只香奈儿的抽口麻布袋，没有人明白她究竟买了什么。但即使在学生时代，杰奎琳也没有沦为潮流的奴隶。在貂皮大衣风靡之际，她仍旧穿着自己的布质外套。"有时，我会觉得自己出门时看着像是巴黎街头的穷人的翻版。"年轻的杰奎琳谦虚地写道。要想显得时尚，就要知道什么行头最适合自己，而且要将它穿出T台般的风采。

　　作为第一夫人，杰奎琳有意借自己的时尚品牌来倾倒全世界。或者正如她所说的那样，"想让杰克看起来像是一位法国总统"。但也许你的魔力离家太远就会失效，豪华的风格也不是你的菜；这让我想起了我亲爱的阿姨埃丝特，愿她追求时尚的灵魂能够安息。埃丝特姿色平平，看上去就像是大眼睛的地精，可经她的手搭配出的衣服总能出彩。"她时髦极了"，我母亲说。我只是觉得她把自己打扮得很美，却不知她是如何将各个元素组合到一起。那只香奈儿的粗麻袋放到埃丝特手里倒是挺适合，能营造出一种美翻了的原始感。她的穿着干净利落，会将辛苦赚来的每一分钱都花在打扮上。紫红色的服饰、丝制衣物和后绑带的鞋都是她的收藏。可以说，埃丝特对自身条件有着敏锐的感知力，能穿出勾人心魄的魅力。

找一些能凸显出女性线条的服饰，即便你需要因此到另一个时代去挖掘时尚的创意。不要显得你与潮流间存在时差：比如说，忘掉橄榄球队服般宽大高耸的垫肩，除非你是打算装扮成《豪门恩怨》中的克莱斯拖·卡林顿去参加化装舞会。衣服的色调要能衬出你双颊的粉红，以及眼里闪烁的星光。当然啦，黑色适合所有人。要追求能令人侧目的细节，将各种元素以一种完全原创的方式组合到一起。不要羞于寻求外界的帮助（杰奎琳就这么做了）。除非流行的东西适合你，不然不要盲目追随。若是无法抉择，就坚持选那些做工精良的经典款式。

要是它穿在身上像件大衣，就去找城里最好的裁缝修改。不论你穿的是什么，都要让它看起来像是为你专门定制的一般。记住，时尚是一种语言。好好想想你打算说的话，千万别冒出支离破碎的句子或炫耀你的修辞。你的穿着应该让你看上去很美。格调具有吸引力，你的塞壬时尚也可以是一种无法抵挡的诱惑。

## 杰奎琳小秘密大公开

始终保持完美姿态（这是她在学骑术时掌握的）。

只要超过理想体重两磅，她就会开始节食。

将古龙水洒上毛刷，每晚梳头50下。

在睫毛上抹少许护肤霜，以便使其"熠熠生辉"。

涂抹口红的前后，在嘴唇上刷一层粉（"用玉米粉……应该能使色泽持久"）。

## 让你的声音性感满溢：莎拉·伯恩哈特

### 伴侣型 / 女神型

1866年，演员莎拉·伯恩哈特终于骗得了与大导演菲力克斯·迪凯内尔会面的机会。彼时，她已失业近两年。她就像对待戏中重要一幕的出场一般，为这次会面做足了准备。她身穿按中国式裁剪、极具异域风情的双绉束腰外衣，头戴饰有铃铛的宽边草帽。每走一步，铃铛就会摇曳生姿。"我的眼前出现了一位完美女郎，俏丽之姿正是你梦中所求。"迪凯内尔说，"漂亮二字远不足以概括一切，她可要比这危险得多……（她的声音）纯净如水晶，直击我的心房……她征服了我整个身与心。"迪凯内尔将她掠上自己的床，也抢进了奥迪安戏院。在那里，她成就了自己的代表作。

莎拉·伯恩哈特是广播电视问世、《人物》杂志面世之前的首位国际巨星，其芳名可与凯旋门相媲美。她清一清嗓子，报纸便会连篇累牍地加以报道。伯恩哈特身材娇小（还不到一米六），而且瘦得有些"皮包骨"，一头火红卷发令人忆起了破布娃娃。甚至连她的口头禅"即便如此"都不禁令人浮想联翩：究竟是什么令她拥有如此势不可挡的魅力。人们总认为，她磁铁般的引力源于她隐隐透着烈焰的双眸、处处彰显优雅的仪态，最关键的还是她充满性感魔力的声音。"我立马就信了她的话"，年轻的西格蒙德·弗洛伊德说道。莎拉在《狄奥多拉女皇》中的演绎彻底迷倒了他。人们称她为女神莎拉，赞誉她是世间最伟大的女演员，是世界第八大奇迹。

莎拉的母亲是巴黎的一位交际花，平日里忙得根本无暇顾及她。因此，莎拉在幼年时就希望全世界的人都能对自己大献殷勤，并对此有些贪得无厌。在组建自己的国际旅游公司前，她在奥迪安戏院和法兰西剧院的舞台上获得了极大满足。她以棺材为床，为自己增添了一丝颇为讨喜但又匪夷所思的色彩，也赢得了她一直渴望的更多的公众关注。与同时代的多数女演员一样，莎拉也会"取悦"自己的赞助商。她很早就学会了用这些手段将爱人的心玩弄于股掌间。对莎拉而言，债务"不过是通往更为奢侈的生活的跳板而已"。在斑驳陆离的时光中混迹的那些年磨砺了她的舞台张力。她在经典剧目《茶花女》中浪漫演绎的卡米尔征服了巴黎与伦敦。"我自己也会爱上这样的女人，爱到发狂，"谈到卡米尔过世的那一幕，劳伦斯这样写道，"她的悲伤，伤心欲绝的小声呢喃；她豹子般撕心裂肺的哭喊……她的轻声抽泣真真会灼伤人心……这个晚上真是经历了太多的情感起伏。"难道这就是现代肥皂剧的鼻祖吗？

"本是同行生，相煎何太急？演员何苦如此为难演员。"
——针对蒙特利尔主教对她工作的抨击，莎拉·伯恩哈特公开发表了回应

莎拉在爱情与工作这对"令人折磨的组合"中历尽悬念、高潮与谢幕，不断激流勇进。"来呀！来呀！快来呀！"她写信给自己的一个情人，还附上一张凌乱的四柱架子床的手绘。她在

给另一人的信中写的则是，"于我而言，爱人即是爱你"。纵使情人之间互有交集，也是如此。她深谙伴侣型塞壬的秘诀，总会对崇拜者们倾诉他们渴望听到的甜言蜜语。她尤为擅长扮演聪慧的顾问以及在事业中大获全胜的人。可每向前迈一步，她就能将女神匆匆的鸣金收兵转化成一个计谋，投入新人的怀中。"我不舒服，亲爱的吉恩，一点都不舒服。我不能病恹恹地去见你。"几番过后，可怜的吉恩受尽折磨，只能嫉妒愤怒地狠踢马车厢的窗户。可他却依旧哀求着，请她不要松开"漂亮的粉色爪子"。

据说，莎拉觉得"爱是通向友谊的最快捷径"。用情不专的情妇就是一位忠诚有趣的朋友。伴侣型塞壬走的不就是这一路线吗？她的交际圈里有威尔士亲王、作家维克多·雨果、画家古斯塔夫·多尔以及无数演员、导演、剧作家和各色金融家。"我的心渴望极致的兴奋感，没有任何人能够满足它。"她写道。她与一位年轻希腊演员的婚姻犹如昙花一现。新婚第二天，新郎就已魅力尽失。尽管年纪不断增长，莎拉依然保持着"可怕的活力"以及性感声线中的每种音色。在她66岁之际，她27岁的情人提到，莎拉在说"很高兴见到你！""仿若贝多芬的交响曲。我终于明白为何人们叫她金嗓子了"。

步入古稀之年后，莎拉因膝盖受伤不得不将右腿截肢，但她丝毫没有向命运屈服，依旧坐着轿子演出。她进军电影这一新媒体形式，所饰演的塞壬伊丽莎白一世深入人心。借用奥斯卡·王尔德的话，伯恩哈特将因"人格的魅力"和性感的声线流芳史册。

## 莎拉的经验

在莎拉职业生涯之初，奥迪安戏院打算排演人气作家雨果的一部戏剧，可拿破仑三世坚持要求更换成皇室最爱的大仲马的作品。巴黎市民震怒，聚到剧院门口抗议。大幕拉开前，喧闹的示威持续了一个小时。民众间继续爆发出"震耳欲聋的嘘声，气势一浪高过一浪。"莎拉毅然决然地走到脚灯之下。"维克多·雨果的剧本被撤，你以为让大仲马为此负责就是在宣扬公正了吗？"她问道。人们沉默不语，陷入了深思。"伯恩哈特小姐服饰怪异，"《国民之声》报道说，"但她温暖的声线、天籁般的声音打动了公众。她就像是娇小的俄耳甫斯王，驯服了不羁的斯芬克斯。"

用现在最绚烂的语言来说，莎拉的声线"如银铃般悦耳"，"像是抚上脸庞的纤纤细手"，也如"拨动竖琴时颤出的叹息"。她娓娓道来时，"节奏是如此真实，话语是那般清晰。"一位评论家在瑞士《时代报》上写道，"没有漏过任何音节。"她一开口便是一曲行云流水的乐章。她以嗓音为乐器，利用错落有致的音调，将自己的自信传递给听众。在出演哈姆雷特一角时，她将"生存还是毁灭"这句经典台词演绎成了"低语的冥想"，而非时下流行的"慷慨陈词"。她的语气中映射出一种全新的情感表现力，听得观众们潸然泪下。

你觉得嗓音不如选对口红颜色等方面重要吗？那就想想，自20世纪20年代末及30年代无声电影发展成"有声电影"后，声音经不起大屏幕考验的明星们都渐渐淡出了人们的视线。在今天的情景喜剧和电影中，惹人厌的大嗓门往往是用来烘托浪漫气氛的引子。但究竟是什么使一个女人的声音如此吸引着男人的心？美国国家公共广播电台认为这难以界定，不过，也许与发音时的气流有关，尤其是在发低八度音阶的时候。例如，为卡通形象兔子杰西卡配音的凯瑟琳·特纳就大受欢迎。人们也认为简·方达在电影《柳巷芳草》中饰演应召女郎时的低沉嗓音很性感。但加州大学洛杉矶分校对电话营销进行的一项研究显示，其实真正起作用的还是一些更为实在的因素。一些"音乐"上的因素，如音高、语调以及语气等，能促成或毁掉一笔交易。换句话说，声音是否悦耳动人并不是那么重要，关键的是透过声音体现出的人格。

要是你的声音听起来像是某个卡通人物或低空飞行的飞机，那就考虑一下演员们会做的事吧：努力改善你的音质。要是不确定的话，就先给自己录音。经过声乐老师一节课的指导，就能出现奇迹。迷人的长发，古铜色的酮体，光滑的肌肤，以及闪耀的贝齿都值得投资，为何独独剩下能让人兴奋起来的声音呢？男人说，如果一个女人的声音足够性感，就能说动他们去做任何事。你的声音能在你们初次见面时，让他生出对你的直觉感受。你的声音就代表了你——你真打算由此泄露你会打鼾的秘密吗？或是勾人心魂，或是甜如蜜糖，或是尖锐刺耳，声音能透露的信息远比你意识到的要多。

一个富有魅力的女子从不会让匆忙、恼怒或是无聊的影子悄悄潜入她的话语间。当然了，若是有意为之，则另当别论了。莎拉·伯恩哈特就打算营造一种温暖的亲密感，在自己与听者间连起纽带，用信心感染他。用你悦耳的音调魅惑他们。用你的语言诱惑他们。要是用对了语调，你可以凭简简单单的一句"很高兴见到你"博得他们的好感。令人愉悦的声音是能入耳入心的声音。如果一个女子的声音很容易就能走进你的内心，那么世间就不会再有比她更富有魅力的事物了。

# 改名换姓：玛塔·哈里

## 性感型

临时搭建的庙宇中，西塔琴哀怨的弦音满溢。一位舞者的剪影出现其间，令人为之一振。在湿婆——这个印度教中喜食女性肉体的神祇面前，她缓缓地随着节奏，激情狂热地舞动。她抛掉舞动的薄纱，一点一点展露出熠熠生辉的四肢、颤动不已的腰肢以及泛着金属光泽的胸部。当宗教热情满溢时，她终在极度亢奋中低下头颅，将自己献给了湿婆，将"男性以及一大部分女性观众带至了能得体表达关注的行为边界。"对应邀前来的观众而言，玛塔·哈里这个名字更是为眼前这番演出增添了一层亮闪闪的神秘光环。当剧场的灯光亮起时，她又恢复了麦克劳德夫人的身份，那个带有印尼血统、系出名门的离异女子。

与所有志向远大的塞壬一样，原名葛蕾特·麦克劳德的玛塔·哈里深知舆论的力量。身为歌手贝拉·艾坡克的情妇，她明白现在的市场美女饱和，自己只有脱颖而出才有机会。她利用自己在荷属西印度群岛的多年生活经验，将自己重塑为一个来自印度神庙的艳舞女郎。可以说，脱衣舞就是她的发明。她为其加上了一层虚饰的精神因素，使其保住了尚可的名声。她的成功其实就是"厚颜无耻的创新"。她征服了大众，并因此见报。在另觅新欢时，她总会"嘲笑每个拜倒在自己魅力之下的受害者"，并因此感到愉悦。她的天才就体现在玛塔·哈里这个名字上，在印尼语中，它的意思大抵相当于"日光"。

葛蕾特·麦克劳德出生在荷兰的吕伐登，是一位自命不凡的帽匠之女。为了寻求令人激动的冒险，18岁的葛蕾特回应了刊登在阿姆斯特丹某份报纸上的一则征婚广告（要是生在现代，她绝对是位网络达人）："在荷兰休假的印度上校望寻觅一位志趣相投的妻子。"她成了上校鲁道夫·麦克劳德年轻的新娘，随其乘船前往了荷属西印度群岛。唉，这段婚姻悲惨至极。酗酒之后，他就会对她施暴，然后到处拈花惹草。在葛蕾特27岁时，这段婚姻走到了尽头。她来到巴黎，想寻一份艺术模特的工作。

每个性感女性的背后都有一位皮格马利翁。她的那位就是海牙驻法国使馆的二等秘书，年长的男爵亨利·德·玛格丽特。他为她在酒店的食宿买单，并与她一起敲定那些大胆新奇的舞台表演内容。葛蕾特身高超过一米七，颀长瘦削，略显老气。可她在扭动屁股时性感无比，能生出一股魔法般的引力。自称伟大的神庙舞者玛塔·哈里在一间巴黎博物馆首次亮相之后，人们立刻竞相效仿。不过，作家科莱特指出，"她根本就没怎么跳舞"。玛塔·哈里解释道，在她从未踏足过的"遥远的印度"，"一对情侣真心相爱。事实上，他们在众目睽睽的观众面前，在爱的拥抱中全情投入"。当然啦，她不过是想勾起观众的怜悯之心罢了。

玛塔·哈里从不练习"那些时髦的巴黎女子所深谙的更为简单的撒娇之术"，她的一位崇拜者写道。她的身上有一些"原始野蛮的东西"，但同样也不乏一些"精致"的内容。在她看来，性对男人来说比女人更为重要。只要能大胆主动地利用这点，女人就能把握住力量。据说，没有哪个男人不在她充满挑衅的办法前败下阵来。蜜糖与砒霜都能引来苍蝇，因此，男人们蜂拥而至。但她之所以信奉崇尚"在美中生活"的印度教，是因为她在不断寻找廉价的刺激。

她"绽放自己的美丽并非只为一人，而是为了一群人"。德国王储、战争部长阿道夫·皮埃尔·梅希米、作曲家吉亚卡摩·普契尼和朱尔斯·马斯奈以及亨利·德·罗斯柴尔德男爵都赫然在列。不过，她倒更喜欢士兵，因为他们让她有机会"比较不同的国家"。说这话时，她并无嘲讽之意。她的拿手好戏就是极尽诱惑之能事——"我征服了他"，然后完全臣服于他——"我会尽量满足你的愿望。"这一套叫人沉醉期间。一战爆发时，她深深爱上了一个年龄只及她一半的俄罗斯士兵。他迫使玛塔支持自己，她的间谍生涯由此开启。

"她或许是本世纪最伟大的女间谍。"在针对玛塔·哈里间谍罪的审判中，检察官如是说。"[她]的恶行令人难以置信。"事实上，玛塔·哈里为法国效命，可他们却误以为她将信息泄露给了德国人。她更像是被卷入一场狂热战争中的傻瓜，因为一些站不住脚的证据而被判有罪。临刑前，伟大的玛塔·哈里盛装打扮，向侩子手们飞吻致意。

## 玛塔·哈里的经验

如果说文艺复兴时期的意大利因画家与雕塑家而闻名于世，那么，世纪之交的巴黎则沦为了交际花的天下。她们将爱情演绎成一门艺术，让与人行鱼水之欢成了一门受人尊敬的职业。但那些红极一时的名字——哈丽雅特·威尔逊、爱莉斯·亚吉，甚至是布兰奇·德·派瓦——都已渐被遗忘。葛蕾特深知，只有一个令人难忘的名号才能成就一段传奇。即便在今天那些对葛蕾特·麦克劳德知之甚少的人眼里，玛塔·哈里这个名字依旧代表着富有魅力的女子。

葛蕾特在巴黎吉美博物馆演出之后，导演坚持要她取艺名。她提出要用玛塔·哈里这个名字。那是当年她在印尼军官俱乐部中表演"土著舞蹈"时用的名字。它听起来异域感十足，但很容易记，读起来也朗朗上口。男人们几乎立刻做出了条件反射：转瞬间，"玛塔·哈里"这个名字就大获成功。听闻玛塔·哈里与自己共处一室，官员们就忍不住垂涎三尺。

诺玛·珍·贝克、柏瑞尔·克拉特布克以及贝西·沃利斯·瓦菲尔德分别变身为玛丽莲·梦露、飞行员柏瑞尔·马卡姆以及温莎公爵夫人沃利斯。伊丽莎·吉尔伯特改成了洛拉·蒙泰兹，而葛丽泰·洛维萨·格斯塔夫森则成了神秘的嘉宝。帕梅拉·迪格比依旧在名字中保留了丘吉尔的姓氏，即便她已与其子离异并嫁作了他人妇。这是为何呢？因为这个姓氏让她感觉良好。（当然了，也因为她势利得可怕。）如果你的名字听上去像是舞会前的灰姑娘，那就不要犹豫。换一个更适合你塞壬风范的名字。名字的作用与服饰相当，但花销却远小于为永葆时尚而购置的那些服装。选对名字，你的形象就能提升十倍。

## 你以自己最好的一面示人了吗？

你的生活一成不变吗？还是说你一直试图寻找大胆、崭新的方式来传递自己内心的致命魅力？在回答下列问题时，肯定回答越多越好。如果你的回答以"否"居多，也许就是时候改头换面了。

1. 你选的裙子能让人眼前一亮吗？

2. 你能轻松说出最称自己肤色的颜色与款式吗？

3. 你是否认为秀发是自己"不可或缺的饰品"？

4. 你花在做头发上的时间比沐浴更长吗？

5. 当你向别人提出请求时，是否意识到利用自己的嗓音可以达到最好的效果？

6. 你是否觉得花在打造个人形象上的时间物有所值？

7. 你有想要效仿其整体风格的格调导师吗？

8. 你的名字能体现你的个性吗？

9. 你是否愿意尝试新事物？（或者说，你是否觉得自己已经找到了永远对路的高格调？）

10. 你是否相信，尽管存在缺点，你仍旧是极具魅力的人？

11. 你是否觉得在某种程度上，每个人都在推销自己？

# 令其心荡神怡

有些塞壬深谙能令男人远离忧虑的秘诀。只要能让他感觉舒服自在，她的魅力就会变得无法抵挡。这是亘古不变的宇宙法则。她可以在他最需要欢笑的时刻叫他开怀大笑，或是让他觉得自己就是位首席执行官，哪怕他其实只领着邮件收发室职员的微薄薪水。另一些塞壬能激发出隐藏在他灵魂深处、甚至连他自己都不曾察觉的巨大创造力。塞壬的禀赋就在于能找到令他愉悦的东西，并实现其效用。她知道该说些什么，做些什么。

最有可能令男人心荡神怡的魅力女性是伴侣型或母亲型塞壬。对此，你无须讶异。有时，她们也能表现得性感魅惑。对她来说，让他觉得快乐就是对自己付出的回报。她天性如此。然而，只要她愿意，女神型或竞争型塞壬也能像其他类型的塞壬一样，带给男人心旷神怡的感受。不论原型如何，塞壬们都是最为狡猾、灵活多变的女性。

若是你打算寻访那些能令男人心荡神怡的魅力女郎，那么就决不能错过臭名昭著的帕梅拉·哈里曼，不出五分钟，她就能让一个男人产生自己是地球为之转动的核心的错觉。名厨奈洁拉·劳森将性爱的快感与美食的欢愉融合到一起，迄今为止，她的做法还未收到任何投诉。演员卡洛尔·隆巴德能令人开怀大笑，而想要与16世纪的交际花维罗妮卡·弗朗科来一场风花雪月的谈话，你就必须掏口袋。如果不是阿尔玛·马勒身上附着的缪斯女神，我们也许就得问问自己，一些伟大的艺术作品是否还能现于世间？

# 围着他转：帕梅拉·迪格比·丘吉尔·海沃德·哈里曼

## 母亲型 / 伴侣型

1971年那个"令人难受的……黑暗"夏天，百老汇制片人利兰·海沃德离开了人世，给自己的遗孀留下一屁股债。51岁的帕梅拉·迪格比·丘吉尔·海沃德可能原本并不清楚自己是否还能像年轻时那样迷倒众生。她意外地收到了来自出版商凯瑟琳·格雷厄姆的邀请，询问帕梅拉是否愿意参加她举办的60人的"小型宴会"？也许，这里还存着一线生机。帕梅拉在晚宴上见到了自己曾经的情人埃夫里尔·哈里曼，并极为巧妙地设法调换了座次牌——她坐在了他的邻桌，正好与他背靠背。这样一来，她的这步棋就不至于走得太过明显。晚餐时，她转过身去，将自己犹如激光般稳定的注意力聚焦到了这位富有的政治家身上。79岁的哈里曼已经几乎完全失聪。"她直视他的眼睛，特意留心让自己发音清晰。她一向习惯像丘吉尔那般，抑扬顿挫地发出卷舌音，可那天她特地避免了这么做。"一位传记作家写道。她屏住呼吸，不放过他说的每一句话。不出一个月，帕梅拉就在自己长长的名字后面添上了"哈里曼"这个姓氏。

帕梅拉·哈里曼大概算是最后一位伟大的交际花——即，能凭借自己在两性问题上的智慧，"独立"生活一段时间的女人，她的三任丈夫都是战略选择的结果。帕梅拉声名狼藉。"你有什么秘诀？"芭芭拉·史翠珊在遇见这个女人后，大胆地问道。帕梅拉长得并不美，也不是特别聪明机智，甚至连独到的见解都没有。即便是她的拥护者也都承认，她实在没什么真材实料。但不可否认的是，她有"能力让男人觉得自己拥有无上的权力"。她的关注让男人很是受用。她围着自己的情人打转，让自己像变色龙那般去适应他们反复无常的变化。

帕梅拉是迪格比男爵的第11个女儿，从小生活在明特恩麦格纳。迪格比家族的这间祖屋位于英格兰多塞特郡，拥有50间房间——尽管迪格比家族表面上奢华光鲜，实际上却极为缺钱。她的祖先简·迪格比小姐深陷丑闻之中，并曾于19世纪因通奸而遭到英国议会的谴责。简在阿拉伯含情脉脉地服侍着一位贝都因王子，在异国他乡走完了自己的余生。帕梅拉的父母将迪格比家族历史上的这一段隐瞒了起来，但帕梅拉却将其视作了自己的起点。她"很早就下决心要成为一个极为迷人的女性"，她的妹妹说。

在与赌徒兼酒鬼伦道夫·丘吉尔约会三次之后，19岁的帕梅拉就把自己嫁了出去。因为他姓丘吉尔，而且不用上战场。温斯顿对自己的红发儿媳一见倾心，于是她就开始将火力集中到他身上。在伦敦闪电战期间，她随叫随到，陪着患有失眠症的总理（她的"爸爸"）彻夜玩比奇克纸牌游戏，并成为他可靠的参谋。年轻的帕梅拉·丘吉尔在伦敦春风得意。她以战时女主人的身份接待各位将军与外交官。母亲型的帕梅拉总是那个能"解决问题的人"，"如果你想要什么东西——如公寓、戏票、汽车或是餐厅座位等，你就会给她打电话。"她的一位朋友说。温斯顿利用她来打探重要的美国访客的意图。她与不少上了年纪且有权势的已婚男人——尤其是记者爱德华·R·默罗以及埃夫里尔·哈里曼——有过浪漫史。她在他们身上看到了令人心动的机会。虽然她没有天使般的面孔，但她明眸善睐，头发浓密，皮肤雪白光洁，身材火辣；可更重要的是，她能让男人觉得自己很棒。

"我宁愿人们写我的坏话，也不想被人遗忘。"

——帕梅拉·哈里曼

"她照顾男人的方式非同寻常，"俚称为比尔·佩利的哥伦比亚广播公司董事长说。在男人意识到自己口干舌燥前，她就会递上一杯水，他疲惫的脑袋总能枕上她备在一旁的枕头。战后，帕梅拉与伦道夫离了婚，搬去了巴黎。在接下来的十年中，吉亚尼·阿涅利、波斯王子阿里·汗、埃利·德·罗斯柴尔德和斯塔弗洛斯·尼阿科斯等人都曾位于她的"赞助商"之列。

60年代初，帕梅拉开始将渔网撒向美国。她一如既往地在"妻子们下班时"趁虚而入。"你对自己的婚姻满意吗?"她问制片人利兰·海沃德迷人的妻子——斯利姆·基斯。"咳，天底下没有十全十美的婚姻。"斯利姆答道。她从来没有真正把帕梅拉视作是威胁。那可真是大错特错了。在斯利姆外出旅行时，帕梅拉开始围着海沃德打转。海沃德很喜欢被人照顾，而帕梅拉会兴高采烈地为他备好拖鞋。"她漂亮吗?"海沃德的女儿问他。"不漂亮。"他答道。他说自己是被帕梅拉"非凡的注意力"所吸引。帕梅拉是个好帮手，她能报出票房收入，能在旅途中为他煎鸡蛋薯饼，也能"在家中营造出天堂般"的感受。他毫无遗憾地给了斯利姆自由。

嫁给哈里曼后，帕梅拉开始学习桥牌，了解民主党，并迎合他对苏联的兴趣。通过举办"时事晚宴",她帮助哈里曼增强了他在华盛顿的权力基础。她加入了美国国籍,老天啊,这就是她的生日礼物。晚上,哈里曼溜上床睡觉时,发现崭新的床单上正躺着自己最爱的那支花。他说,娶了帕梅拉是他一生所做的"最正确的决定",他是真心的。

哈里曼死后,帕梅拉用他留下来的巨额财富支持了比尔·克林顿在1992年的总统竞选。作为回报,她出任了美国驻法国大使。她立刻掌握了时局动态,并将其置于世界的中心,就这样迅速哄住了法国人——不然还有别的法子吗?当被问及生活是否幸福时,她答道,"幸福至极,就犹如在痛饮清凉的泉水。"她在巴黎丽兹酒店的泳池中游了几圈后,便离开了人世。

### 帕梅拉的经验

帕梅拉的经历证实了,吸引人这门艺术是能够学会的。通过汲取大师们的经验,并评估自身的独特优势(就像你们现在这样),她做到了这一点。孩童时期,帕梅拉就对贵妇伦道夫·丘吉尔(温斯顿的母亲)、艾玛·汉密尔顿(海军上将尼尔森的情人)以及很久之前的妓女这类的塞壬甚为着迷。后来,她与从英格兰民众手中抢走了他们国王的温莎公爵夫人以友相待。公爵夫人能"预先考虑并满足公爵的每项需求,并培养与他一致的所有兴趣"。帕梅拉对此细细模仿,她的热情甚至超越了自己的导师。帕梅拉令男人相信,他们就是宇宙的主宰——至少位于她所处世界的中心。

帕梅拉声称自己之所以能征服精英人士,并不是蓄意为之,而纯属意外之喜。绝对不要相信她。在战时的伦敦，帕梅拉绝不会在普通士兵身上浪费时间，除非他的等级极高。只要见到自己喜欢的人，她就会一头扎进去——相信我，这个男人的银行存款绝对不少。她在世界级爱情玩咖波斯王子阿里的身上学到一项技巧，每次都要将全副精力投入在一个人身上，即便此时还有更为重要的人踏进房间。

"我觉得，她的生活中要是没了男人，就没了真正的幸福。"帕梅拉的儿子温斯顿说。事实上，她在很大程度上迷失了方向。塞壬这一身份是她所有自我意识的基石。"一旦帕梅拉遇到令她倾心的男人，"一位朋友说，"她就会在无意识间将自己代入他的身份中去。"与菲亚特的继承人阿涅利在一起时，她开始信奉天主教，说话时也沾上了意大利口音。在法国银行业巨头罗斯柴尔德的面前，她摇身成为家庭葡萄园、艺术与18世纪家具方面的专家。从阿涅利到罗斯柴尔德，当她拿起听筒时，她的问候从"Pronto!"（意大利语，"喂"）变成"Ici, Pam."（法语，"我是帕梅拉，请讲"）。但她在看手势猜字谜的游戏中会想不出任何英语单词，这让朋友们大为困惑。有谣言说，她用"艺妓般的"关怀溺爱着男人，这其中就包括她自己不甚关心的和谐的性生活。

"漂亮女人能引我侧目，"美国教育家约翰·厄斯金说，"但迷人女郎则会将目光聚焦到我身上。"要是帕梅拉长得再美一些，我们也许就会错失一位魅力女郎。所谓魅力，当中的一部分就是懂得如何将注意力倾注到一人身上——这绝非母亲或伴侣型塞壬的专属技能。你不必去信奉他的宗教，加入他的国籍或立刻投怀送抱，但即便渺小的帕梅拉只是适当地做了这些举动，她也成就了自己伟大的历程。人们说男人（不仅仅是男人）希望自己的价值能获得别人认可，的确如此。一旦无条件的爱降临，没有几个人能够抗拒得了。我见过不少通过奉献自己获得成功的塞壬——即便最初这一招没有奏效，很长一段时间之后她们还是能得偿所愿。

　　面对面地聆听他的话语，温柔地将注意力集中到他身上。要把这当成是你的工作。不要让他只是映在你的瞳仁里，而要把他印到你的心里。你需要自己在谈话中的听力技巧——要像帕梅拉那样不放过任何一个字。用你满是爱慕的眼神淹没他。

　　不应该有那么困难，只要让他透过你放电的眼睛了解到你的感受就行了。把话题引向他感兴趣的事情，提一些能让他夸夸其谈的问题。用你厉害的交际花（或外交官）的手腕让他觉得自己也可以成为日升日落的中心，哪怕只有今晚。下次再见面时，问问他上次提过的在中东遇到的棘手问题，谈谈你在网络上找到的有关洞穴探险（他的最爱）的花边新闻。

像帕梅拉那样，每次将全部精力都汇集到一个人身上——不要移开你的目光，去瞟屋子里别的男人。要让他知道，你总会从他那了不起的视角来看问题。别将这些时间花在谈论自己身上，那会令人倒胃口。永远不要在一个男人面前说另一个人的闲话。如你这般的塞壬一旦给予了他满怀的关注，就很有可能得到对方心存感激的回报。要是他无动于衷，那就像帕梅拉一样，放手前行。

# 为他带去欢笑：卡洛尔·隆巴德

## 伴侣型

在好莱坞的黄金岁月里，千万富翁乔克·惠特尼举办了一场下午茶会，要求参加者只能身着白色服装。"那些在社会上有头有脸的人，"演员卡洛尔·隆巴德说，"脑子里装着各种疯狂的念头。"不过隆巴德比他们还要荒诞。为了嘲弄这场过于正式的聚会，她向自己的医生借来白大褂，戴上白色面具，浑身裹满绷带。救护车一路啸叫着将她送往派对场地，她躺在担架上，由两位实习医生抬了进去。涌过来的宾客们发现隆巴德正笑得前仰后合。这场恶作剧博得了克拉克·盖博的青睐。因为几年前在《得不到的男人》一片中与她演过对手戏，所以盖博认识这位女演员。不出一周，两人成就了好莱坞的一段金玉良缘——如同布拉德·皮特夫妇一般，不过他们的幽默感更为浮夸。

卡洛尔·隆巴德金发碧眼，貌美如花，行事滑稽可笑。可以说，"神经喜剧"就是由她首创的。作为大萧条时代对浪漫闹剧的回应，这类电影引入了一类崭新的女主角。这些贵妇们聪慧时髦，鲁莽狂妄，远胜那些愚蠢无知的男人。隆巴德一生出演过40多部影片：她是《桌子上的手》里想钓金龟婿的美甲师；是《闺女怀春》中神经兮兮的社交界新人；也是她最杰出的电影《二十世纪快车》中的电影皇后。银幕上的隆巴德会为了寻找滚落到街对面的一枚25美分硬币，冒冒失失地造成交通的完全停滞。观众们逐渐了解到，现实生活的她与其银幕形象差距并不大。

原名简·爱莉斯·彼得斯的隆巴德出生在印第安纳州的韦恩堡——因此，"山地人刮起的龙卷风"是她的昵称。在与她的父亲离婚后，隆巴德的母亲带着孩子搬到了好莱坞。隆巴德在街上玩垒球时被星探发掘，12岁时就出演了人生中的第一部电影《完美罪恶》。哥哥们教过自己的小妹如何像水手那样发誓，因此隆巴德言辞粗俗，这成了她的标志。16岁时，她成功与福克斯签约，但因为一次车祸在她的脸上留下道道严重伤疤，福克斯放弃了她。几年后，她又以精神喜剧演员的身份重新站了起来。

"我依照男人的法则生活，使自己适应男人的世界，但与此同时，我从未忘记过，女人的首要任务就是选对适合自己的口红颜色。"

——卡洛尔·隆巴德

"观众喜欢隆巴德，因为她承诺会带给他们欢笑，并且总能实现诺言。"一位传记作家写道。这句话一样可以用在与她演对手戏的演员身上。她不喜欢断然拒绝别人——显然，制片人哈利·科恩除外。"我说科恩先生，我同意出演你那一坨狗屎般的小电影，"她说，"可这不包括跟你上床。"他整整自己的裤子，坚持要求她喊自己哈利。隆巴德将大批追求者——其中不乏乔治·拉夫特、加里·库柏以及作家罗伯特·布伦——变成了自己的"男闺蜜"。不过他们从未放弃过希望，总觉得两人的关系还能再进一步。在片场，她极具团队合作精神，受人喜爱。她演绎台词的方式让那些毫无经验的演员觉得很自在。

"只要她现身片场，道具管理员、机修工、助理导演以及站在椽子上的电工都会竞相与她打招呼，"《生活》杂志报道说，"那种喧嚣就像是泰山与猴子久别重逢。"拍摄电影《从天堂到地狱》期间正值1月中旬，身穿夏装的隆巴德冻得瑟瑟发抖。"你们这群混账东西倒是挺暖和的，"她开玩笑说，"都把裤子给我扒下来，只准剩条内裤。"居然所有人都照做了。

隆巴德一旦心有所属，就会陷得很深。不论这个人想要她变成什么样子，她都会幸福地照做。"你可娶不到比我更好的老婆了。"隆巴德在谈及自己与演员威廉·鲍威尔的婚姻时这样说道。她努力提高文采，管理家务、照料他的衣着，并表现得像是一位"温婉贤淑的妻子。因为菲罗（鲍威尔）就想要那样的夫人。"——不过我肯定她不是哈里特·纳尔逊。鲍威尔希望她能放弃演艺事业，可两年后他们草草离了婚。事情到了克拉克·盖博的身上就发生了翻天覆地的变化。

"隆巴德为所有女性上了一课，"女演员伊瑟·威廉斯说，"她不喜打猎或钓鱼，可但凡他去，她都会跟着。"而且告诉你，她可是身着猎装的哦。为了贴合她的曲线，那身服饰经过了专门的剪裁，好让她看起来就像是时尚达人。她在运动场上击败了盖博。"可得悠着点。我倒是能像那些人那样打靶，你懂的。"

她对一位朋友说。就像伴侣塞壬那般，甘愿成为站在爱人背后的女人。在他们共度的第一个情人节，隆巴德送给盖博一辆破烂不堪的福特T型车，车身上喷满了爱心。她借着这份礼物调侃了盖博对老爷车的狂热。他带着她兜风，彻夜狂欢。接下来的就都是浪漫史了。"他们之间的浪漫感妙不可言，"威廉姆斯说，"他们能在一起找乐子。他们都觉得生活丰富多彩，是一对灵魂伴侣……"

一段爱情长跑之后，盖博与隆巴德步入了婚姻的殿堂。三年后，她去东部为二战债券做促销，可在回加州时，她搭乘的班机撞毁在山腰。隆巴德香消玉殒后，盖博又娶过两任妻子，可再也无法回到最初的生活状态。盖博身后葬在了自己那略显神经质的爱人身旁。

## 卡洛尔的经验

福克斯放弃了她，就仿佛她的银幕生涯已经落幕。可事实证明，那场在她脸上留下累累伤疤的严重车祸将她转变成了一个略带神经质的女孩。一位朋友说，"她的哲学与精神生活就此开始，因为她开始笑对自己。终其一生，她都在拿自己开玩笑。"这种欢乐的感染力极强，将房间另一边的盖博吸引了过来。"出于某种莫名的情愫，我被克拉克·盖博吸引了。"谈到自己在乔克·惠特尼那场白衫下午茶聚会上的出场时，她如是说。"他觉着这个点子很了不起。"不过她自己也无法理解个中缘由。"我们联袂出演，拍摄了各类爱情及其他场景。"在谈到自己与盖博在《得不到的男人》中的表演时，她如是说。"我从未让盖博觉得焦虑。"显然，吸引盖博的是她的喜剧天分。

　　归根结底，隆巴德的幽默是一种意义深远的玩世不恭——以及一种抓住机会调整说话方式的需求。她会忍不住取笑那些太把自己当回事的人。当朋友们抱怨累得直不起腰时，她就办了一场罗马式的盛宴。他们对健康的抱怨启发了她的灵感，因此才有了"医院狂欢"与盛在试管中的鸡尾酒。盖博生活节俭、耳大招风，"人气不及秀兰·邓波儿"。这些都成了隆巴德取笑的内容。她略带些神经质的世界观帮着他对世事一笑置之。

　　如果你的幽默感强烈极端，很有可能你已经发现这一点了。说到智慧，一个人要么聪明要么愚钝，否则，只有彻底换脑才能解决脑子不够灵光的问题。但你可以通过自己看世界的方式来培养幽默感。你可以像隆巴德那样，先从将世界看作一个有趣之地开始——要记住，你既不是基督复临，也无法以令人难以捉摸的方式治愈脱发难题。积极地在日常生活中寻找非同寻常、丰富多彩或十分滑稽的事。然后问问自己，可以在这一组合中加入什么元素，使它听上去更加疯癫。你只是不小心把身上的最后一个子儿掉进了地铁格栅吗？在身处的窘境中发现幽默，并编出一个有趣的故事来。试着养成插科打诨的习惯。一旦掌握了这一点，你就能以隆巴德般的视角看世界了。

　　略带神经质的人是一种心态，是一种由大量勇气支撑的古怪的乐观态度。它的兴盛建立在自嘲的笑话与荒谬感上。演员戴安·基顿、丽塔·拉德娜以及特瑞·加尔都喜欢开玩笑自嘲，她们都风趣幽默，令人无法抗拒。如果你能妩媚地对其影响置若罔闻——隆巴德的那套本事之一——就更妙了。不过，如果你想博得满堂喝彩，可要克制住模仿老板高端节日聚会上的服务生的冲动，那是自我毁灭。想尽一切办法拿自己开刀。要是你打算顶个灯罩在脑袋上——呃，还是别这么干了。

　　要经常轻松地开怀大笑。你会惊奇地发现人们往往会觉得笑容灿烂的人智商更高。要是你笑起来像只鬣狗，那就尽量只让自己窃笑不止。就算你无法变得越来越具幽默感，至少人们会觉得与你在一起更有幸福感。这让卡洛尔·隆巴德心态积极，令人无法抗拒。笑对人生的塞壬，人气永远不会减弱。

# 才华横溢的交谈：维罗妮卡·弗朗科

## 伴侣型

1574年夏，当23岁的法国国王亨利三世途经威尼斯时，整座城市不遗余力地想给他留下深刻印象。威尼斯为他搭乘的船配备了400名桨手，请他参观帕拉迪奥建造的拱廊，上面繁复的装饰均出自委罗内塞与提香之手。城里举办了各色盛大活动：从火炉中吸食火焰的海怪雕塑；盛在银碟子中的1200道菜品；专门为亨利此行编排的一场歌剧及大量舞会、戏剧、音乐表演与舞娘。可这只是威尼斯向亨利示好的开场曲。《风月场名录》与《威尼斯花魁名册》被献了上去，亨利三世对着数十张小画像细细研究了许久。最后，他选中了威尼斯的瑰宝，维罗妮卡·弗朗科。贡多拉载着他偷偷驶向弗朗科的住处，两人探讨了整晚的文学。一夜过后，亨利三世在黎明时分怀揣着弗朗科的肖像及几首将其与宙斯比肩的十四行诗离开了。

16世纪末的威尼斯拥有10万人口，其中11,654人是妓女。她们懒散地歪在贡多拉上，丰满的双峰袒露在阳台与窗前。文艺复兴时期的威尼斯就像是春宫版的迪斯尼乐园。它之所以能成为旅游胜地，在很大程度上要归功于城内开放的女性给游客带来的兴奋。妓女与交际花不可同日而语，因为她们所提供的伴陪服务完全不在一个档次。与贵族小姐们不同，交际花都受过良好教育，谈吐非凡，并对此引以为傲。她们高贵的客户并不满足于只谈论天气变化，并希望能通过与她们交谈来暂避世事。

维罗妮卡·弗朗科是一位富有传奇色彩的美人——画家丁托列托用鲜活的色彩记录下了她高耸的眉峰与饱满的双唇。维罗妮卡与其他交际花截然不同，她是"可敬的交际花"——她的盛名来自床第之外。多梅尼科·韦尼耶是威尼斯知识分子的中流砥柱。维罗妮卡在他的资助下出版了自己的诗集，并被选中成为支持其竞选的作家与思想家团队中的一员。当威尼斯需要法国国王成为其政治盟友时，维罗妮卡就成了战术中不可或缺的一环。她令男人拜倒膝下的魅力不仅仅局限于一个层面，他们都甘愿按她的吩咐行事。好莱坞以她为原型拍摄了《绝代宠妓》，在影片中，亨利在拜访弗朗科时达成了船队交易。史实要比故事简略得多，不过，就让我们假设亨利与维罗妮卡的相处对威尼斯完全无害。

"一个出口成章的女人能引发混乱。"这是《绝代宠妓》中的一句台词。在16世纪的威尼斯，人们觉得交谈具有诱惑人心的潜力，因此丈夫们将自家的贵妇锁入深宅，要她们三缄其口。人们普遍认为言谈会招来关注。受人瞩目的女性也许会犯错，让自己无瑕的名誉蒙尘，甚至陷入更糟的境地。电影中，维罗妮卡的母亲解释说"欲望源自内心。"如果你还需要进一步的证据，那么有位威尼斯交际花为自己的"全套服务"开了一口价，而对纯粹为了享受通过交谈获得的情趣的人则另设了收费标准。

维罗妮卡的传记作家写道，人们希望交际花能以"日本艺妓的方式"成为"受过教育、机敏健谈、能取悦男人"的人——一位技艺精湛的伴侣型塞壬。在她的引导下，交谈变成了两厢情愿的行为，并对其伴侣的兴趣与情绪极为敏感。她的目的是护送他远离日常忧虑，前往欢愉的乐土。"你一定要捂好耳朵，千万别听信她们的花言巧语，不要被她们的魅力迷住。"一位将前往威尼斯的游客警告说。四百多年后，因其话语中的勾人诱惑力，维罗妮卡·弗朗科这个名字依旧为人所津津乐道。

在16世纪的好年景中，威尼斯人夸耀说自己的交际花是终极奢侈品。可一旦经济下滑，这些女人就成了现成的替罪羊。16世纪70年代中期，一场瘟疫几乎使威尼斯变成一座空城。宗教裁判所传唤了维罗妮卡，指责她施展了"魔咒"。她言辞巧妙地成功为自己辩护。遗憾的是，一场热病夺走了这位威尼斯"公认巧舌妇"年轻的生命。不过我们仍能在维罗妮卡出版的作品中找到她妙语连珠的证据。

## 维罗妮卡的经验

"理想的交谈能设法将轻松愉悦与思想深度糅合到一起，集优雅与快乐于一身，融对真理的追求及对他人意见的宽容的尊重为一体。它的魅力始终未减，"贝内代塔·克拉维里在《谈吐的艺术》一书中写道。对此，我完全赞同。可是现今想要实现这一点却变得越来越难。你肯定参加过客人们一落座就开始叽叽喳喳的晚宴；遇到过犹如参议员那般喋喋不休的约会对象。在一些聚会上，总有那么些"低头党"，他们要么盯着电视，要么黏着网络，更为甚者则埋头于手机中。过去那种悠闲的谈话究竟去了哪儿？人们曾可以在那种伟大的交流中放松地侃侃而谈，完全不必忧心会被人打扰。"交谈的另一面并非聆听，"作家弗兰·勒博维茨说，"而是等着自己开口的机会。"做好准备，成为那个重新将交谈变为魅力武器的塞壬吧。

## Tips

### 驻足、观察、聆听

"广泛的兴趣会使人变得有趣。"芭芭拉·沃尔特斯在《如何与所有人谈论一切话题》一书中这样写道。书中概述了一个三管齐下的办法：

驻足。做足功课，尽可能了解现状。

观察。给予同伴全部的关注。我朋友圈中最富魅力的人总会让我觉得，为了能有机会与我单独聊天，他们足足等了一整天。

聆听。不是假装倾听，而是真正用心聆听。

芭芭拉曾与各色人物相谈甚欢。还有谁会比她懂得更多呢？

如何才能成为一位富有魅力的健谈者？我倒是想直接问问维罗妮卡·弗朗科。《谈吐的艺术》涵盖了这门艺术在17世纪的法国攀至巅峰时的方方面面。其中提及了好奇心的关键作用。少女时代的维罗妮卡贪婪地吸收兄弟及其导师遗落的学习资料。当时的社会禁止女性拥有狂热的好奇心，可正是这种好奇驱使着维罗妮卡偷偷汲取着书本的知识。这就意味着在与世间男子交谈这件事上，她比别人准备得更为充分。然而，即便在交谈最为盛行的时期，它依旧"没能体现一个人的学识……人们尽量避免使用引述、例证或是箴言"。正确的做法是将交谈视作双方接触时的高潮，是一场超群的前戏。它能"散射出让人觉得舒缓的无意识状态"，营造"轻松、娱乐、教诲"的氛围。最佳的交谈需要经过精心编排，其目的并非是让一个令人讨厌的无聊家伙能滔滔不绝地侃大山，而是要将所有人吸引进来，参与其中。成为一位才华横溢的健谈者的秘诀就是：对别人不得不说的内容表现出兴趣。

芭芭拉·沃尔特斯自己就是一位精于谈吐之道的塞壬。她在《如何与所有人谈论一切》一书中证实，没有什么比"永远对人保持兴趣的"人更具诱惑力。不论贫富老幼，她"想了解所有人的生活方式、他们的饮食以及他们眼中自身的性感程度"。面对一个真心想进一步了解你的人，你真能抵挡住他的攻势吗？几个世纪前，在如法国评论家和小说家斯塔尔夫人及朗布依埃侯爵夫人举办的著名的塞壬沙龙中，颇具才气的健谈者就会因自己对交谈对象具有直观感觉而自豪不已。她会向前再迈一步，提出一连串苏格拉底式的问题，就是为了唤起同伴身上一流的品质。甚至，这些品质也许都没有出现在他们自己的意识之中。如果摆到21世纪，那就是沃尔特斯女士所说的"做足功课"。要事先了解交谈对象的所有信息。

"在17世纪……交谈……完全由心而生，说话者面露坦率与欢愉，以自然和蔼的态度表达自己的兴趣与期望。"我觉得这句话总结得甚为精妙，因此就采用了拿来主义。同样，沃尔特斯也援引说，温暖感与无穷尽的性感一样，是仅次于智慧——尤其是拿你自己开涮时——永远惹人喜爱的品质。她警告我们：千万别犯青春期少年常犯的错，以为侮辱他就会让他对你刻骨铭心。最后，更为重要的是，要学会聆听。相较擅长倾诉的人，在崇尚交谈的年代，人们更珍视善于倾听者——这是一个"会哭的孩子有奶吃"的时代，这一点确实让人震惊。

## Tips

### 唤他的名字

这个雕虫小技很讨人喜欢，不过似乎鲜有人会努力实践。记住他名字，并把它喊出来。"我希望今晚能见到你，莱昂内尔！（兴高采烈地等一会儿）这样我才能有机会惩罚你，我等这天等了好久啦。"这表明你和他很熟稔。"唤他的名字会让他觉得你在轻抚他，不过这更让他觉得安全。"萨曼莎，我那位属于竞争型塞壬的朋友说。要注意别做过了头，以免使他心生疑窦，觉得你在佛罗里达有几块沼泽地想要脱手。

可别成为一位只懂得谈论自己滑稽可爱的小狗或这次节食可以吃什么的那种人。要具有国际范，变成谈论任何话题都不在话下的女神。扩充话题范围，不过别纠着它们不放。永远也不要强调你聪明绝顶，学富五车。富有诱惑力的谈话是一门让别人有机会表现的艺术，而非真人秀的排练。在了解他的过程中，不要问他陪在他身边能得到什么好处。沃尔特斯建议你提一些能拉近两人关系的问题："你能讲讲自己第一次意识到你精于此道的故事吗？"

有些塞壬会选择幽默与谦虚。对他的意见表示出最大程度的尊重，即便他是共和党人，而你不是。如果陷入交谈的困境，就照着芭芭拉·沃尔特斯的样子来处理——再度扮演那个"最耀眼、充满爱意的你", 以便能为人接受。看着他, 将全副注意力集于他一身, 随着他的笑话开怀大笑。对他为之兴奋的一切显得兴致勃勃。顺便提一句, 痛苦并非一位好伴侣, 可以把抱怨之言留给自己独处的时段。

# 拴住他的胃：奈洁拉·劳森

## 性感型 / 母亲型

奈洁拉·劳森一脸魅惑地带你走进她的食品储藏间。与这位主厨一样，房间装饰豪华，被能给味蕾带来惊喜的美味塞得满满当当——"好吃。"这是她的真实感受，也是她的口头禅。在美食频道节目《奈洁拉的宴客菜》中，她能很快以近乎鲁莽的狂放做出一桌饭菜。此后，她对食物的看法就如同初吻一般萦绕耳畔。在一袭长裙飘飘的奈洁拉——要是裙子不那么贴身，就会更完美——放手一试前，没有人发现食物也可以如此性感。她在舔勺子上的糖衣时，稍稍多露了一点自己娇小的舌头，尝过羔羊肉酱汁后，甚至开始浅浅呻吟。谁能忘得了奈洁拉尝试意大利扁面条时有趣的场景：她仿若身处罗马狂欢会，将面条悬在自己噘起的嘴唇上方。"我把这叫做秀色可餐，"她说，"食物存在于感官世界中……我喜欢与自己的观众和读者亲密接触。"

在奈洁拉出现之前，我们在内心将家政女皇的形象与艾瑟尔·默茨间画上了等号，因而人们普遍选择刻意回避以这种形象示人。不在价值万金的厨房中使用带有异国情调的食材进行烹饪那就只能算是一种家务。你只有通过节食，常去健身房锻炼才能俘获男人的心，至少后女权主义者是这么说的。"食物能带给你真正的纵欲的欢乐。如果不亲自尝试，饮食的乐趣根本就无法言表。"奈洁拉在自己的第一本烹饪书《吃的科学》中这样写道。忘掉健身房，忘掉那些烹制得无可挑剔的复杂菜品，奈洁拉说。只要把菜从厨房里端出来就行了。

你可以在奈洁拉身上发现佳人必备的各色特征——深色长发披肩、明眸善睐、皮肤光洁白皙。真是增之一分则多，减之一分则少。奈洁拉出生在英格兰。可以说，拥有红宝石般双唇的她身世显赫。父亲是玛格丽特·撒切尔手下的财政大臣，母亲则是迷人的社交名媛。29岁时，奈洁拉嫁给了《星期日泰晤士报》的专栏作家约翰·戴蒙德，不过他们的幸福生活并没能持续太久。戴蒙德因罹患癌症离开了人世，但他曾鼓励奈洁拉为那些一想到要进厨房就满心恐惧与厌恶的主妇们写本烹饪书。她在畅销书《吃的科学》、《奈洁拉论吃》及《宴客菜》等中都展露了自己性感的声音。艺术商查尔斯·萨奇是她的现任丈夫，他也请她不要放弃赚外快的机会。

"烹饪不仅仅局限于加热、制作过程与方法，"劳森在《夏日食谱》中写道，"还包括一种更为亲密的转换。"奈洁拉在每大勺性感女神的原料中，都添加了满满两汤勺母亲型塞壬的挂念。你的脑海中一定会浮现出她为发烧的伴侣喂鸡汤的倩影。奈洁拉想要重振的是安慰性食物。

"英国演员、剧作家诺埃尔·科沃德曾写道，音乐竟然可以集廉价与强劲于一身，这着实是件怪事。我们在一个完全不同的领域——厨房——中，同样能发现这一点。"

——奈洁拉·劳森，《宴客菜》

"对婴儿来说，食物与亲密感密不可分，"奈洁拉写道，"这种联系永远也不会消失。"除了柠檬鸡与土豆泥之外，她也点出了食物中蕴含的真理：要想拴住男人的心，就要先抓住他的胃，因为那是他在子宫中与母体相连的方式。就如他深爱着喂养自己的母亲那样，他也会对能下得厨房的塞壬动心。"一个热爱饮食，知道如何抓住男人心的辣妹势不可挡。"男性网站AskMen. com这样评价奈洁拉，所以，是时候重新思考我们与家常菜之间的关系了。

## 奈洁拉的经验

早在五十年代，贝蒂·克罗克就推出了一份名为"追女驭男"的食谱。她建议说，除了刨削之外的一切烹饪方式都会毁掉女人的婚姻。女性厌倦了围着柴米油盐团团转的生活，她们伸手拧灭了灶台上的火。美食烹饪随之而来——这与备考法学院一样让人伤透脑筋。"阻碍人们享受烹饪的最大障碍之一就是厨师们都紧张地想给对方留下深刻印象。"奈洁拉在《吃的科学》中写道。如果你手握烤肉刷，那么还有谁会给你压力，指望你能绘出毕加索般的画作？没有什么比女主人站在门口迎客时，一脸即将崩溃的表情更叫人扫兴的了。"记住，这并非一场对你自身价值与接受度的测试。不过是顿晚餐而已。"她说。不过，"晚餐而已"也可能成为一个强大的开关。

据《今日美国》报道，仍有45%的美国人相信，要想拴住男人的心，就要拴住他的胃。另有25%的人说，自己成功通过亲手烹饪菜肴追到了心仪的对象。为了感谢我母亲做的超级美味的法式黑椒牛排——其实就是将胡椒撒在牛排上，然后放入煎锅中而已——我的父亲亲吻了母亲的手。那幅画面一直深深印在我的记忆深处。他的此举当然有些玩笑的意味，却又不尽然。我的一位朋友说自己可以靠一手好菜吸引男人前来求婚。我当时很轻蔑地笑了——而且还很大声。可真正笑到最后的那个人是她。她在我的眼皮子底下撬走了我的一位男友，并与他喜结连理。我想，现在再管她要菜谱是不是太晚了点？

烹饪日益成为塞壬的秘密武器。因为它不太像是日常生活的一部分，而是已经被理想化了——在他眼中，能制作出烘肉卷的女人就是英雄。我们一直以为这很难，其实不然。"男人喜欢简单的食物，"奈洁拉说，"他们不需要过分讲究的酱汁或是餐厅精致的菜品。他们想要的只是品质好，以寻常方式烹制得不错的食物。"这在帕梅拉·丘吉尔（后来的哈里曼夫人）身上得到了印证。她会在旅途中为制片人利兰·海沃德煎鸡蛋薯饼，并因此赢得了他的心。美味食物能让男人心情愉快，它可以平息易怒的情绪，让他渐渐感觉满足。

"设法烹制出他心目中完美的一顿饭菜，无论那有多么基本或乏味。"奈洁拉说。但这并不意味着你要做一些自己讨厌的菜式。如果两个人无法一同愉快地享受这顿饭，也不算什么好事。让自己轻轻松松地掌握几道拿手菜——简单的烤鸡、烤羊腿，或是炖里脊。如果你总在尝试新菜式或是具有异国风味的菜肴，就永远也无法掌握能够提高厨艺的那些基本要素。奈洁拉《吃的科学》或是像《烹饪的快乐》这类永恒的经典都是不错的入门读物。可别以为烤肉就是一大块肉。将自己融入所烹饪的菜肴，把它变成你自己的东西。

## 偷加一些其他佐料

　　印度有道以芦笋为原料的菜叫做"shodavari"——翻译过来就是"百年姻缘"——它能促进女性分泌最性感的荷尔蒙。可是在去美食店翻找食材前，先想想，埃及艳后极为信赖无花果，而拿破仑则啜尝过黑松露。其实，人参、人称植物伟哥的育亨宾树、玫瑰花瓣、红辣椒、鲱鱼、蜂蜜、石榴、虾、龙虾、牡蛎、七鳃鳗、核桃、野生兰花蜜、大枣、小豆蔻、香菜、孜然、姜、藏红花、丁香、肉桂、大蒜、巧克力以及山葵等都能起到催情的功效。

　　奈洁拉觉得"在画布上作画居然能够令人放松，这实在很神奇。"——桌面摆着鲜花、炉子上架着沸腾的汤锅，而你这位塞壬就位于画面正中。她请我们体验一把这种混乱："要学会忍受污渍与溅出的液体。"奈洁拉自己在将蛋黄与蛋清分离时，看上去仿佛要把整个鸡蛋糊到自己身上。这并不意味着你就需要戴着围嘴坐着进餐。烹饪应该是"放松、奔放、真实的——它可以反映出你的个性，"而不是你未来的五年规划。有很多地方需要强调。打包剩菜比看起来吝啬小气要好。像奈洁拉那样，夸夸自己的原材料是多么新鲜漂亮，与食物调情可没什么错。

　　到最后，任是谁都能掌握几道家常菜，并将它们有模有样地端上餐桌。你的态度才能让你鹤立鸡群。借用奈洁拉的话，"食物不仅浸透着爱，还包含了一切。"不论是欢度佳节还是庆贺生日，食物是我们表达祝贺的方式。作为大厨的你"献上美好食物，给予必不可少的拥抱"。你对食物隐讳的赞赏不仅要体现在烹饪方式上，也要表现在你进餐的细节上。要认为家政女皇与真正成为女皇同样重要。

# 化身缪斯女神：阿尔玛·辛德勒

## *性感型 / 女神型*

"你要是不早点嫁给我，我伟大的天赋就会悲惨地终结。"
1914年，画家奥斯卡·柯科西卡在信中写道。"我们在寻找彼
此，希望能相互扶持。我们必须拥有对方，只有这样我们才能
实现……各自的使命。"阿尔玛正沐浴在自己的甜蜜之中，她对
柯科西卡下了最后通牒。"等你画出一幅杰作的时候，我就嫁给
你！"柯科西卡以一幅画作作了交换。画中的夫妇被汹涌的海浪
抛到一扇巨大的鸟蛤壳上。阿尔玛正枕着爱人的肩膀熟睡，而困
扰柯科西卡的显然不是眼下这幅古怪的水上风景，《风中的新
娘》这一举世公认的杰作现在正陈列在巴塞尔的博物馆中。

阿尔玛·辛德勒的"魅力令人无法抗拒，有创作细胞的男人
都会情不自禁地被她吸引"。或者就像她在回忆录中写道的，
"上帝赐予我一双慧眼，让我能在这个时代的杰作诞生之前就发
现它们的创作者"。会让她陷入恋爱困境的不是"我到底爱谁？"
而是"谁更有可能创作出更伟大的艺术作品？"因为选中了已过
不惑之年的奥地利作曲家及指挥家古斯塔夫·马勒作为丈夫，阿
尔玛一直生活在赌徒般的懊悔中。"要是亚历克斯出名了该怎么
办？"她在权衡马勒等人的求爱时曾这样想到。"你能否从现在
开始将我的音乐当成是你的？"马勒在给19岁的阿尔玛的信中写
道。而后，两人一拍即合。

阿尔玛·辛德勒的父亲是一位山水画家。她小小年纪就跻身维也纳分离主义艺术家的圈子，她为他们的天赋所倾倒。画家古斯塔夫·克里姆特是她的初恋。他比她年长，有点娘娘腔。在她的家庭中，嫁给一个"一文不值"的人就是一场灾难。阿尔玛举棋不定，极为痛苦：是该追求自己内心想要出人头地的欲望，还是成为某位明星的缪斯女神？她迸发出了强大的创造力，谱写了一曲《民谣》。然而，事实证明，名家们对她的关注浪漫感十足，极大满足了她的虚荣心，因此她转而成了一位收藏家，就像收集冬装一般，集齐了各类天才。马勒过世后，她嫁给了包豪斯派建筑师沃尔特·格罗皮乌斯，与其离婚后又嫁给了作家弗朗兹·韦佛尔。以她为灵感源泉的作品足以挂满一个画廊。

## Tips

### 不可不知的轶事

在被阿尔玛甩了之后，那位古怪的艺术家奥斯卡·柯科西卡又做了些什么呢？他托人照着阿尔玛的样子，做了一个真人大小的逼真玩偶，连指甲这些细节都分毫不差。柯科西卡将自己的娃娃取名为"沉默的女人。"不论走到哪里，都会带着它，而且会用阿尔玛可能会为自己挑选的巴黎服饰盛装打扮它。后来，柯科西卡在公共广场斩断了它的头颅。"沉默的女人"走完了它的一生。

这个世界永远不缺艺术家，然而遇见一位具有天赋的缪斯女神的几率却与名人落脚堪萨斯州塞奇威克县的小镇威奇托一样渺小。要是没有女神为他开启灵感的源泉，马勒能谱写出第六或第八交响乐章吗？若是失去了"我的生命之光"，马勒说自己就会像"被与空气隔绝的火把一般，转瞬即灭"。韦佛尔称赞阿尔玛具备"神谕般的优势"，是她激发了这位以懒惰闻名于世的诗人的才情，促使他写下了《穆萨·达的四十天》。这部作品令他首次获得了巨大成功。"她就像是一股力量的源泉，一个极富生产力的生物……对我有股巨大的影响力。"她帮助自己的男人上升到了更高的创作层面。

在16世纪最伟大的塞壬中，阿尔玛·辛德勒的魅力几乎无人能及。她觉得自己是世界的中心，这一信念不可动摇，不受任何事件的干扰。阿尔玛从不担心他们会不爱自己；她觉得自己才是那个会华丽转身离去的人，她的判断没错。但凡见过她的艺术家，都会在一周内向她求婚，而在她离开后也都会痛不欲生。"你就像是一瓶魔法药水，必须在夜晚将我救活。"柯科西卡要求道。

"我从来没有真正喜欢过马勒的音乐。我对韦佛尔写的东西也没有兴趣。"阿尔玛总结说。格罗佩斯的建筑更不能提起她的兴趣。这位女神只是习惯性地吹捧他们，为的就是最后将他们从圣台上推下去。"可是，柯科西卡，没错，是柯科西卡，他总能让我印象深刻。"这难道不是很有讽刺意味吗？住在纽约的阿尔玛身着永恒的黑色衣裙，成了为马勒守寡的专业遗孀。她整理他的论文，撰写她自己的回忆录，还要抱怨这个可怜的人儿没法子创作出让他的缪斯感兴趣的东西。"这样的人太少了……伦纳德·伯恩斯坦、桑顿·怀尔德。今非昔比。"

## 阿尔玛的经验

才华横溢的缪斯女神到底出自上帝的手笔、后天的培养还是强大的意志力？缪斯不应该美若天仙吗？这取决于你打算成为何种缪斯女神：一位富有创造力的合作伙伴还是能摆漂亮姿势的模特。20世纪还有另一些忙碌的缪斯，如露·安德烈亚斯·莎乐美，就完全控制了里尔克、尼采和弗洛伊德，因为她能以令人魅惑的方式完全理解他们的作品。不过，据说她的鼻子也许起到了浮标的作用。阿尔玛"漂亮的脸蛋让人误以为她会说出一些愚蠢无比、平淡无奇的事，"一位传记作家写道，"而她的嘴里从未流出过这样的言语。"她贪婪地汲取尼采的作品，就像在品尝糖果，她可以轻松地谈起艺术、文学与神学。她会在钢琴上弹奏出整部瓦格纳的歌剧，仅仅是因为好玩。她的妈妈可没有养大一个傻瓜，她的女儿让这些男人兴奋无比。

"她拥有敏锐、清晰的洞察力，"韦佛尔写道，"不论好坏，我都相信她的判断，尤其是那些不好的。"马勒在将交响乐交给管弦乐队演奏前，总要先请阿尔玛过目。可是，最看重阿尔玛意见的人还是她自己。一旦遇见她认为与众不同的男人，她就会"盛赞他的天赋"。他们会一起从她那口能产生创造力的深井中汲水喝。"他的一切对我来说很神圣。我愿跪在他膝下，亲吻他的耻骨——吻遍他的一切，一切。"她写道。我不需要告诉你接下来会发生什么。"与阿尔玛的每次约会，"马勒说，"都会为我的工作注入新的活力。"

"不论何时，当一位有天赋的男艺术家将自己的缪斯拥入怀中时，实际上，他的艺术创作中已经有了女人的影子……并非男人透过女人在表达，而是女性通过男性在发声。"

——评论家阿琳·克罗齐

你内衣抽屉里塞着的是一部未完结的小说吗？人们攥着海绵擦冲到你的画作前，以为是谁不小心打翻了颜色罐吗？不要绝望。一位评论家曾经在评价阿尔玛时说过，"我可以向你保证"，单凭她做的曲子，"她绝对是个无名小卒"。也许你一向认为艺术是一门神圣的语言，艺术家应接受人们尽心的崇拜。你可以考虑将自己所有的创作能量汇聚到一起，努力使自己成为一位缪斯。阿尔玛是如此的相信，自己能点燃艺术家们创作出杰作的火焰，以至于他们自己也这样认为了。在塞壬的世界中，信念能使一切成真。

你的第一项任务就是以西蒙·考威尔的形象示人——不过你的谈吐最好是宝拉·阿巴杜式的。如果做不到妙语连珠，那么最好的办法就是闭上嘴，再装出一副精明的样子。很少有人能反驳阿尔玛的羞辱，因为她让他们感觉自己对面的人令人敬畏。当马勒将自己谱写的《民谣》递给她过目时，她建议他阅读由知识分子梅特林克所撰写的以沉默为主题的优秀作品。

他"让我感受到了阳刚之气——他的活力——这种感觉很纯洁、很神圣，"阿尔玛在日记中这样写道。她渴望粗暴的爱，喜欢被掳掠时的感觉，也享受被占有时的快感。她对此直言不讳。阿尔玛的每个毛孔都散发着性感的气息；她的感官异常敏锐。嘿，生活在维多利亚时代末期的她还只有19岁。如有必要，阿尔玛也乐意有所保留。韦佛尔与柯科西卡都被她晾到了一边，直到最终跟上了她的脚步。其结果就是，他们迸发出了惊人的创造力。"这世间只有一人能带给我成就感，将我塑造成艺术家，"韦佛尔在给阿尔玛的信中写道，"那个人就是你。"

## Tips

### 练习临危不惧的目光

20世纪60年代的"危险缪斯"卡洛琳·布莱克伍德夫人同样崇拜才子。她出了名地难以取悦，卡洛琳夫人的标志是什么呢？临危不惧的目光以及甚为诡异的沉默。艺术家多半将这种凝望解读为对自己的否定。卡洛琳夫人先后嫁给了艺术家卢西安·弗洛伊德、作曲家伊斯雷尔·希特科维奇以及普利策奖得主诗人罗伯特·洛威尔。在她的协助下，他们都取得了个人最辉煌的成就。

不论是莱昂纳多·迪卡普里奥还是莱昂纳多·达芬奇，一个会令他们心生混淆的缪斯绝对无法称之为真正的缪斯，充其量也就是个粉丝。简而言之，要成为像阿尔玛那样的缪斯，对于你期待能为其带去灵感的领域，你至少要有所了解。要确保，他们能获得的奖赏就是你的好感，并且你所给与的宠爱要甜蜜得令人难以置信。他很快就会明白，自己创造力的直接源泉就是你。以冷敷与热烫的形式将浪漫双管齐下。你的爱从来都不是无条件的。让他们一直渴望能以艺术的形式为你效力。永远铭记阿尔玛说过的话："如果可以让我协助这些骑士一段时日，我的存在就有了价值，就令人艳慕！"

## 你能令人心荡神怡吗？

你有本事激发男人身上的才华吗？你是那种仅仅因为让他们自我感觉良好就能深深打动他们的人吗？要是对于下列问题，你多数的答案都是"是"，那么让他们心荡神怡就是你通向塞壬之路的钥匙。

1. 你是乐观主义者吗？

2. 在与别人交谈时，你希望能理解别人还是希望别人来理解你？

3. 你是否会因为自己令别人开怀大笑或感觉快乐而觉得高兴？

4. 你不太把自己当回事吗？

5. 你是否觉得女人通常有本事发掘男人身上的闪光之处，并使之发扬光大？

6. 你觉得自己情商高或直觉敏锐吗？

7. 你觉得，除了提供营养之外，饮食还能成为有效的诱惑手段吗？

8. 你觉得笑声是在与男人沟通时的最佳之道吗？

9. 你能激发别人的灵感或发掘出他最闪光的一面吗？

10. 你觉得性爱是创造力的滋补佳品吗？

11. 你是否认为，虽然男人喜欢挑战，可他们最感兴趣的仍是女人无条件的爱？

12. 对你而言，饮食是一种撩人的体验吗？

# 将他带进闺房

该说些什么呢？毫无疑问，塞壬之所以能成为塞壬，性感不可或缺。也许你拥有女神般的外貌且衣着时尚得体。也许你能让他们笑到肚子发疼，或是像搭乘游船顺尼罗河而下的克娄巴特拉一般，美艳不可方物。可如果他看着你的时候，生不出一丝与你云雨一番的心思，那你还是鸣金收兵吧。你得将他们引入自己的闺房，并想好之后要做些什么。

每个塞壬的身体里都跳动着一颗性感的心脏。也就是说，不论是通过一个眼神、一句谈笑或是一个动作，她都清楚要如何吸引房间对面那个男人的目光。不过，竞争型塞壬才通常是这一领域的革新者。竞争型塞壬以自己如男人般的欲望为傲。她们从未想过要在鲜有人踏足的两性领域前止步。无论你是何种塞壬，都应感觉自己有权畅游那片领地。

正如俗话所言，不论什么，即便蹩脚，那也是好的。可一旦遭到禁止，就无缘世间了。让安吉丽娜·朱莉来告诉你如何行走在狂野的边缘；请作家科莱特来讲解如何操纵性感的开关。梅·韦斯特无需将任何不像话的词句说出口，就能将说脏话演绎成一门艺术。19世纪的交际花科拉·佩尔以不同寻常的创造力将情色带入了新阶段。凯瑟琳大帝真如传言所说，与马匹行过苟且之事吗？还是说她只是一个性欲很强的皇后呢？读下去，你就会知道了。

# 步入情色之境：科拉·佩尔

## 竞争型

一个多世纪前巴黎的一个晚上，正在取悦其男性崇拜者的科拉·佩尔中途借故离席。她溜进厨房，褪下衣衫。美丽的胴体在一只巨大的银盘中摆出种种诱人之姿。名厨萨累"以其众所周知的巧手与艺术感"在她"赤裸的身躯上饰满玫瑰花结，并涂遍了奶油与酱汁。"她在回忆录中这样写道。他在她的肚脐处摆上一颗葡萄，将蛋白糖霜撒满她的四周，最后再随意撒上一层糖粉。两个男仆将这道遮在盖子之下的菜品推了进去，隆重地揭开盖子。不出所料，里面躺着的就是美味可口的佩尔。

这位塞壬并非法国社会的主流支柱，对此你一定不会觉得惊讶。可在19世纪中叶的巴黎，没有哪位交际花能像科拉·佩尔那般受人追捧。她的入行之路与当时的其他女性并无二异：天真无邪的艾玛·克劳奇正处于豆蔻年华，却在自己的家乡伦敦被陌生人允诺的蛋糕迷住了双眼，被骗下药，最后被"毁"。艾玛·克劳奇已不再白玉无瑕，于是她摇身变成了科拉·佩尔。利用陌生人留下的钱，她搬到了妓女聚集的风月场。拿破仑王子与里沃利公爵都是她忠实的爱情俘虏。通过他们，她实现了妓女的终极理想：她独有的格调令"皇家"这一字眼显得苍白无比。她的签名就是：科拉的黑珍珠"售价惊人"。

"我敢说，我一直都弄不明白，为何她会取得如此巨大的成功。"一位观察家在提到科拉时这样写道。"没有任何理由可以合理解释她的成功"，她的"脑瓜子与工厂的工人差不多"，那是"小丑的脑袋"。另一位观察家对她的描述就有些尖刻了。法国作家埃米尔·左拉在小说《娜娜》中所创造的妓女露西·史帝威的形象就以科拉为原型。与她一样，露西夸张的举止与时髦的风尚淡化了她普通到"近乎丑陋的"的样貌。尽管科拉曼妙的身材可能会让《花花公子》封面女郎帕米拉·安德森看起来像是块切碎的肝脏。她天生就对色情戏码有种天赋，因此创造出了能充分利用自身资源的各种方法，使自己成为男人趋之若鹜的对象。

科拉为自己能避过"盲目的激情与致命的诱惑"而自豪，这是她成功的秘诀。"我从不属于任何人，独立是我所有的财富！"她说。既然不钟情任何一人，这位竞争型塞壬就能自由地与许多人共享鱼水之欢，而且她所收取的费用极高，有时甚至能毁掉这些男人。科拉生得一副健壮体魄，顽皮可爱，常常还表现得粗俗无礼。她的身上洋溢着竞争型塞壬永远不满的欲求。她精心设计的"肉欲享乐的巅峰"不折不扣，往往以创造性的视觉冲击为开端。她以一种既精妙又大胆的方式上演了一场抓人眼球的挑逗表演。

"对所有最伟大的践行者而言，性爱不仅是身体的动作，也是精神状态。"为科拉做传的一位作家这样写道。任何事物都会激起这种心态。没有哪个时刻或哪种举动能够逃脱。这位交际花是深谙情色细节的女王，在为行诱惑之事营造氛围时，背景、服装、道具与剧本等都必须面面俱到。所有的外出活动都是机遇，其中尤以主日礼拜最受欢迎。受人尊敬的女性们均急切地想了解妓女们如此善于勾人心魂的秘诀。尽管这种东西并不存在，但妓女们还是经常会被请去教授诱惑之道。

有位年轻人为了能留住科拉不惜倾家荡产。他不顾一切，只为能博她注意。最终，他闯入她家，开枪自杀了，虽然这颗子弹也许最初是留给科拉的。科拉对情人的伤势漠不关心，其关注程度甚至不及地毯上留下的血渍。他捡回了一条命，可她的名声却一落千丈。科拉的后半生一直被窘迫的生活所困，她将自己称作"遗失了珍珠"的科拉。

## 科拉的经验

妓女的一生总在时刻不停地研究一切能带给男人快感的方式。家，这个终极豪华的巢穴，是她最初的工作场所。里面的一切安排都循着享乐主义的原则，透着卖弄风骚的意味。房内花香浓郁，装饰华丽。你能看见雕工精美的四柱床、艺术品以及来自世界各地的柔软丝绸。她从不吝惜花在设宴款待上的开支——孔雀肉冻、香槟烹鹌鹑及各色甜点（女主人甚至也会成为其中的一道特色菜肴）。持续的创造力是在任何场所营造氛围的必备之品，科拉总能像变魔术般地上演着从黑色礼帽中拽出小兔子的戏法。

但凡有演出的夜晚，妓女们就会成为夺人眼球的小剧场。有人可能会将一把匕首插入自己发间；有人会把玫瑰花蕾别在紧身胸衣上；还有人会将头发梳成塔庙状，或是染成与裙裾同样的色调。要么就是在身上挂满珠宝或套上最时兴的衣衫，尽显"顶级奢华之风"。科拉的步履如同母鹿般轻盈，她优雅地一侧头就会引来包厢中无数男子的叹息。如果说这些场合本身并无显摆之意，那么妓女们就能生生地营造出这种氛围。报纸上的科拉就如同身处化装舞会的夏娃，"身上挂着的丝缕并不比那个偷尝禁果的人类祖先多上几分"。上帝呀，科拉在巴黎城西的布劳涅森林掀起了一股策马驰骋的风潮。对于女人在马背上所能展现的"纯粹的演技与勾人的力量"，她的心里再清楚不过了。

现在"维多利亚的秘密"摆在货架上的商品都是对当年那些首创潮流的拙劣模仿。"科拉及交际花们十分清楚我们想遗忘些什么。"一位传记作家这样写道，"她们很清楚，半遮半掩、神秘诱惑，远比一丝不挂要魅惑得多。"据说，单单是她们奢华的内衣与睡袍，就足以令男性浑身布满鸡皮疙瘩。交际花们可能会为自己的每个情人准备一套专属装束：颜色选的是他的最爱，还有与其相配的绣金拖鞋。这笔开销绝对是个天文数字。事实上，科拉甚至将自己的内衣厂商告上了法庭，并因此砍下了一千法郎的开销。这是她借以用来调节气氛的"武器"中的一个重要部分。你在购买由舒适公司所推出的、曾盛极一时的那些紧身衣时，就该三思而后行了吧？

或许，你与科拉同是那类胆色异于常人的女人。你可能会因将赤身裸体的自己当成一道菜端上桌面而身陷囹圄，不过一两件小丑闻无伤大雅。是什么让你羞于像阿芙洛狄忒那般袒露乳沟去参加化妆舞会？是什么让你畏惧于脚踏短马靴，策马穿越中央公园（或是侧坐于马鞍一边，将浪漫程度升级）？魅力逼人的形象尤甚指尖的触碰与万千情话。今后的日子里，它将在他的记忆中炙热燃烧。据说科拉会泡在满是陈年酒酿的浴缸中，或在铺满各色兰花的地板上袒胸露背地舞起康康舞，以此来取悦男人。

只要你不打算再将自己破旧的运动裤穿上身，那么优雅、美丽以及戏剧化的言语就可以为你平淡的日常生活增添一些性感气息。只要你在手攥农产品或优雅弯腰，在信用卡账单上签名时穿着清凉，简简单单的一场菜市场之旅也能为你铺设好展示情色的舞台。不论是赋闲在家，紧张工作，还是出城游玩，都不要忘了考虑灯光、道具与剧本的因素。爱德华七世时代的塞壬——伦道夫·丘吉尔夫人坚持使用粉色灯泡，就因为它们能散发出玫瑰色的光芒。你不可能在荧光灯下，或对着插队的人大打出手时营造出情爱氛围。想想所有可能会展现你最佳状态的活动，然后对人们可能会见到你做此事的方式加以排练。

## Tips

### 学几招脱衣舞

虽然听起来有些夸张做作，但私底下来点脱衣舞能勾出男人心中的生物本能。如果你想获得神来之笔，就可以看看由索菲亚·罗兰参演的1963年大热影片《昨天、今天、明天》。罗兰与巴黎著名的疯马俱乐部的专业人士一同训练，并将脱衣舞发挥至了极致。罗兰说："我冲（马塞洛）马斯楚安尼微笑。他也用微笑回应我。接下来，我就全力施展，抓住了他的心。"当时身着黑色蕾丝吊带、套着袜带与丝袜的罗兰"挑逗着，缓慢地褪去身上的衣物。当身体随着强劲的节奏摆动时，每缕衣衫都在他面前挑衅般地晃动……互动、时机、性感，以及挑逗所引发的喷涌肉欲开始蠢蠢欲动……马塞洛"当时嚎得像头郊狼，而且那完全是超脱剧本之外的自然反应。

演员梅·韦斯特在自己的卧室里铺满了淡粉色的织锦缎，几面镶着黄白镜框的镜子顶天立地，使房间瞬间成了十八世纪邪恶的魔窟。（"我想知道自己究竟状态如何。"）如果你正在营造充满粉色泡泡的环境，闺房里就应该散发出舒适与豪华的气息。这种气息已经成为你的一部分。这并不一定意味着房里一定要摆四柱床，但至少要有张过得去的床垫与宜人的床单。在各处摆满鲜花，播放深情的曲调，只要你能把握好自己登台的时机，点上一只蜡烛也无妨。为了衬托自己闪亮白皙的肌肤，当代的科拉会选择躺在黑色的床单上，换下沾满汤渍的T恤，穿上令人惊艳的内衣与轻薄的睡袍，如何？

# 掌握闺房中的主动权：凯瑟琳大帝

## 母亲型 / 竞争型

到1796年秋，凯瑟琳大帝统治俄罗斯已有34年之久，并曾多次被人赞誉为开明的女皇。但她也不是没有丝毫怪癖的人。宫里的人都清楚，有时她会欲求不满。这位上了年纪的女皇体态臃肿，脸部已出现明显的浮肿。然而，她贪婪的欲望依旧像是个无底洞。"我一直就很喜欢动物，"她在回忆录中写道。现在，她会将自己当年所言接受严峻考验吗？亲爱的塞壬们，都市传奇在这里戛然而止。你是否听说过，凯瑟琳之所以会被马匹砸中身亡，是因为她想与其行苟且之事？一派胡言。凯瑟琳中风晕倒后便陷入了昏迷，并于11月的某天与世长辞，但有关她私生活的传奇却一直流传至今。

这顶，呃，让我们姑且称之为创意性行为的帽子为何会落到凯瑟琳大帝的脑袋上呢？埃及艳后、玛丽·安托瓦内特以及"童贞"女王伊丽莎白也都曾被人泼过污水，其言辞之淫秽甚至会令那些发送垃圾电邮的人也觉得面红耳赤。权倾一时的女子正是男人梦寐以求的佳人。与长着蹄子的情人比起来，凯瑟琳还是更为偏爱年轻、漂亮的健壮士兵。即便在弥留之际，"祖鲍夫兄弟俩及其朋友萨尔特科夫也得轮番伺候这位女沙皇……她的欲望……深不见底……难以满足。"若是她名唤凯撒，这些秘闻也就不足为道了。

"我喜欢高声褒奖，轻声责骂。"

——凯瑟琳大帝的座右铭

　　凯瑟琳是日耳曼小国安豪特·泽波斯特的公主，本名苏菲娅·奥古丝妲·弗蕾德丽卡。随着时间的流逝，相貌平平的苏菲娅公主用个人魅力淡化了自己尖尖的下巴与长长的鼻子。一位算命师告诉苏菲，自己"在她手心看到了三顶皇冠"，苏菲娅将这个预言视作了福音。"女王二字如甜言蜜语般落入我耳中，"她在回忆录中写道。她的内心已经认定，俄罗斯大公爵彼得就是她的夫君。"我渐渐习惯将自己视作他命中注定的妻子。"当俄罗斯派人邀请她与大公爵相见时，苏菲娅直接将婚纱打包进了行李。她成了大公爵夫人叶卡捷琳娜（凯瑟琳）·阿列克谢耶芙娜。

　　"我应该爱我新婚的丈夫，"凯瑟琳在回忆录中写道，"只要他愿意或是能够表现出一丝一毫的可爱。"十来岁的大公爵粗鲁、幼稚，与蠢蛋无异。他会在婚床上玩玩具士兵，也会因老鼠违反了"军规"而将它们立即处死。婚后八年，热情似火的大公爵夫人依旧是处子之身。"我无视他的存在，"她在回忆录中这样评论彼得，"但我绝不会忽略俄罗斯的皇冠。"她开始在军人间寻觅乐趣。彼得继位后，凯瑟琳在一位忠实的情人精心策划后推翻了彼得的统治。作为一位女皇，凯瑟琳十分"伟大"，她是深受俄罗斯人爱戴的"小妈妈"。

　　她的好友、知识分子狄德罗说，她"将古希腊政治家布鲁特斯的灵魂与克娄巴特拉的魅力结合到了一起。"或者就像她自己评价的那样，"糅合了男人的思想、性格与和蔼女人的吸引力。"

白天，她仰仗"非凡的能量"兴建学校与医院，将帝国版图延伸至波罗的海，与知识分子互通音信，同时也平定了境内叛乱。她是彼得大帝憧憬中的女继承人。夜晚，她就成了香闺中欲求不满的情妇。她卧室的后面有扇便门，情人们推开这扇门，踏上后楼梯进入她的房间。凯瑟琳挑选情人的方式与男人相仿，她贪婪地渴求年轻、新鲜的身体。不过，她吹嘘说，没有哪个男人在近身伺候时会"感觉轻松自在"。

"我把整个生命都献给了她。人们常把这句话挂在嘴边，但我比任何人都真诚。"她的某位前任情人写道。为了摆脱他一天到晚抛来的媚眼，凯瑟琳将荷兰的皇冠赏给了他。她在"独眼天才"格里高利·波将金的身上陷得很深。她把他叫做"我的孪生灵侣"、"我的金鸡"、"我的丛林狮王"，她认为"世间无人能与他比肩"。凯瑟琳与他并肩作战，并慷慨地授予波将金无尽的荣誉与头衔，而他或许也与凯瑟琳举行过秘密的结婚仪式。当凯瑟琳对他的欲望消散之后，波将金就成了，呃，她的皮条客。他曾设计，派一名士兵去向凯瑟琳"讨教"一幅水彩画。她在画作背面写道，"线条很美，但颜色选得不太恰当。"

谁会拒绝一位拥有无上权力的女皇？当然不会啦。可人们觉得取悦她一点也不麻烦。能伴在女皇身旁令人刺激，因此，即便是狄德罗与伏尔泰这类柏拉图式的朋友也会心怀嫉妒地相互争夺这种快感。她的情人全都沐浴在她的爱慕之光下，被爱"冲昏了头脑"，并会因自己成为她的"最爱"而沾沾自喜。有位情人因无法踏足她的闺房而在门外嚎啕大哭。每个情人都仿佛是她的儿子。她发展他们的智力，纵容他们的情绪。只要他打算离开，她就不会再纠缠不休，而是会赐予大堆财宝，在他转身离去时怜爱地拍拍他的屁股。

## 凯瑟琳的经验

与所有竞争型塞壬一样，凯瑟琳认为性爱与运动密不可分，那是一种享受欢愉与释放快感的自然形式。这就是她维持"物理平衡"的方式。为了确保能找到对自己胃口的那个人，她甚至聘请了一位皇家测试员。情人们有时难免会跟不上她的步伐。为保存颜面，有人甚至会在身体不适时服用春药，并因此健康尽毁。而他们的"小妈妈"却依旧耐心、善良，要是"这类事件时有发生，那也就意味着他们的宠幸到了尽头"。

"她在政治与爱情上都很简单，很健康，"一位传记作家写道。凯瑟琳知道自己想要什么样的生活，并且认为自己的欲望既正当又正确。有时，她无尽的欲望甚至会有些放纵。虽然许多人对此感到震惊，但那些与她亲近的人却很少这么想。"人们可能会宽容地对某位伟大女性所犯下的错误视而不见。"她的一位外交官朋友这样写道。据说，凯瑟琳一生只有12个情人，按现今的价值观，我觉得我们大可以将这个数字乘上26。

"大公爵夫人浪漫、热情、热心，"一位骑士这样评价年轻的凯瑟琳，"我被她镇住了。"你不可能永远取悦所有男人，但塞壬，尤其是竞争型塞壬对此毫不在乎。她的身边已经围满了中意于她的男性。梅·韦斯特、飞行员柏瑞尔·马卡姆以及交际花狄朗克洛丝等所有竞争型塞壬在追求快感这一点上都可与男人相媲美。她们的情人也因能成功取悦她们而兴奋不已。事实上，驾驭能力与火热激情会更添性感魅力。在情爱逝去几十年后，波兰国王伤感地告诉凯瑟琳，那是他一生最欢愉的回忆。"现在的这个女人，也许会让某位绅士毫无愧疚地为她挥上几鞭，"一个将军说。

塞壬魅力的关键就在于性活力。男人们会在脑海中臆想她的模样——T恤尽湿、赤身裸体或是涂遍香油。如果你惯于从《花花公子》中汲取灵感源泉，那么，你想象中的这位塞壬也许就正在熊皮地毯上舒展四肢，壁炉中柴火摇曳的光芒洒满了房间。或者她未着寸缕，只踏了一双涉水长靴……呃，难道只有我一个人的脑海中会浮现这种画面吗？塞壬也可以如男人这般毫无保留地盯着他们看。皇家测试员早已过时，因此你只能亲自操刀研究。不过，你一样无需将性爱与爱情或承诺捆绑在一起，除非它们之间真能实现无缝对接。要是只用脚指头就能试出水的温度，就没有必要再把整个身子泡入彻骨的水中。

如果他属于你，那么你的疯狂欲望就很正常。那些清楚自己想把何种人领进自己闺房，并且知道该做什么的塞壬是强大的。

权力也是一剂催情药。不要像他们说的那样，"只躺着想祖国。"你要采取主动，掌握节奏。要为自己的欢愉负起责任。告诉他们你喜欢何种方式。在传教士般的体位上再增添些许你自己的宗教观念。一开始，他可能会有些惊讶。不过你很快就会发现，他会比以往更对你着迷。

# 大走狂野之路：安吉丽娜·朱莉

## 竞争型

热狗与汉堡新鲜出炉，这不过是邻里间一次寻常的美式烧烤餐会。妻子们围坐一堆，发泄着对自家丈夫的不满。而丈夫们则拉开啤酒罐的拉环，互相交流黄段子。玛丽·贝尔袒露乳沟，豹纹加身，黑色皮衣衬着"翘翘丰唇"，风情万种地走了过来。"那是谁？"尼克状似漠不关心地问道，脖子上的汗毛却因感受到明显逼近的危险而根根倒立。何必呢？褐色肌肤、高深莫测的蛇蝎美女安吉丽娜·朱莉可是在本色出演。《空中塞车》杀青后，朱莉不仅收获了大量好评，还顺带将与其同台飙戏的男主角的心带走了。这不是第一次，也不会是最后一次。"在我出门拍电影的时候，男朋友与别人结婚了。"这一变故叫演员劳拉·德恩措手不及。安吉丽娜将比利·鲍勃·桑顿的鲜血装入一个玻璃小瓶，佩戴在胸前。两人翻云覆雨时，动作激烈得像在参加体育竞技。天哪！难怪朱莉说自己根本无需光顾健身房。

有多少郁郁寡欢、悲不可抑的女性会找职业杀手来带自己走出痛苦的泥沼（这位杀手竟靠着麻利的嘴皮子帮朱莉重拾了信心）？有多少人曾想将承办葬礼当成职业？也许动动你的小拇指就能数得出来。尽管我自己从未梦想过要在缔结誓约的那一刻穿一袭"黑色婚纱"（朱莉在人生的第一场婚姻，嫁给约翰尼·李·

米勒时就是这么穿的），但这并不妨碍我臆想着在婚床上（与第二任丈夫比利·鲍勃结婚时）用血液写下"一生一世"这样的誓言时内心涌动的热流。顺便提一下，朱莉之所以如此痴迷刀锋，其实并非毫无缘由，她母亲生前喜欢将年幼的朱莉带去集中展示中世纪武器的文艺复兴市集。然而，她却对其中一些稀奇古怪的细节颇感兴趣。朱莉在动作片《史密斯夫妇》中所饰演的角色明为主妇实为杀手。她会在查看各色武器道具时饶有兴趣地追问："这把刀带锯齿刀片吗？要是将其刺入人的身体，哪种类型的倒钩最容易在拔刀时带出血肉？"

"老实说，没有什么是我不喜欢的。不论是假小子，还是娘娘腔，不管是体态丰盈，还是骨瘦如柴，我一概不拒。"

——安吉丽娜·朱莉

也许我们不得不反复提及安吉丽娜·朱莉、演员乔恩·沃伊特与已故的女演员玛谢琳·伯特兰。安吉丽娜在幼儿园时就与自己早熟的朋友们组成了一个叫"亲吻女孩"的小团体。"我们会撵着男孩跑，在他们脸上印上无数亲吻，他们则会尖声大叫。"她解释道。所有的一切都始于那时吗？她早早地在青春期就宣告了风暴的来临。她舍弃了普通女孩的装扮，换上带立领与铆钉的服饰。她与男友在彼此的身体上留下了近乎致命的刀伤。

"回首往昔，当时我只想借助他的力量走出困境。"她说。哎呀，孩子，我们都对此感同身受。朱莉意识到，"我随时都能推开自杀这扇门。"因此，她决定"努力生活，不再随意放纵。"她透过《移魂女郎》向我们展示了自己已经远离那片沼泽。导演将她塑造成一个浑身散发着危险气息与致命诱惑的反社会者：一个"男扮女装的杰克·尼科尔森"，这是他的原话。"我行事全凭冲动，"她在谈到这个角色时说道。一位导演说，她喜欢为人们带去震撼，很乐意成为"扰乱一屋子平静的那个人"。电影在线（Movieline）将其票选为"最有可能吓坏精神病医生的人。"

朱莉塑造了一个在床笫之事上富有冒险精神的女性形象。即便已为人母，这种印象也丝毫不曾受到影响。让我们回顾一番她的光辉历史吧：她颂扬过性虐待的乐趣；提起过自己与不知名的情人们在酒店厮混时的情景；并陷入过一段被媒体大肆渲染的同性之恋。她在一次采访中说，"老实说，不论是假小子，还是娘娘腔，没什么是我不喜欢的。"人们甚至一度觉得她连自家兄弟姐妹也不曾放过。"你是我见过的最了不起的人，我爱你。"说着，攥着奥斯卡小金人的她与弟弟来了一个法式热吻。可随后，她就使出了致命一击：她从皮特妻子的身边，将这位邻家女孩梦中的情人、全球最性感的男人偷走了。现在，我们甚至还不确定她打算对皮特做些什么。

"她想让所有男人都臣服在自己脚下。"一位朋友如是说。与所有竞争型塞壬一样，朱莉的斗志在已有婚约的男人面前最为昂扬。她的塞壬之歌就是热情无畏。有时，这个比他自己还有男子气概的女人会令他心生敬畏。"我是说，他的确很擅长操持家务，"《史密斯夫妇》的导演道格·里曼说。"可对朱莉来说，要让她融入郊区的家庭生活……还不如叫她去模拟操控宇宙飞船来得容易。"在紧跟她的脚步，尤其是在房事上的这一过程中，男人会觉得刺激无限。自朱莉晋级为母亲，并出任联合国亲善大使后，她的性格已经明显柔化了许多。竞争型塞壬总会用老公、孩子、热炕头来换取性事上的挑战。

## 安吉丽娜的经验

如果将一群自认为是异性恋的男人聚在一间房屋中，请他们列出在小报上频频出现的最性感女人的名字，你就会看到凯瑟琳·泽塔·琼斯、斯嘉丽·约翰逊，以及哈莉·贝瑞的大名。当然了，莎拉·杰西卡·帕克这种万金油也难免会位列其间。不过，除非出现安吉丽娜·朱莉的名字，否则男人们会就这个问题争执不休。此时，室内的气氛也将开始升温。

当安吉丽娜将《古墓丽影》搬上银幕时，她性感的双唇、泛着异域风情的美貌与身材甚至令电脑绘制的劳拉·克劳馥黯然失色。事实上，全球各大杂志在票选"在世的最性感女性"时，胜出的大多都是她。无可争辩的美貌并无法震撼到男人灵魂的深处，当然谁也不会拒绝美貌这种锦上添花之物。安吉丽娜·朱莉远不止有些危险而已。"她的国度没有边界……就好像她什么都愿意尝试，"他们这样评价她。事实上，她觉得自己可以走很远，并以此为傲。

为了试探朱莉的反应，导演在拍摄《史密斯夫妇》中的一幕时，建议她摆出"我所能想到的最逼真、最疯狂的性爱动作。这比我的预想还要劲爆10倍"。看到朱莉眉头紧锁，他以为自己终于吓到了她。"不,"她镇定自若地说,"事实上,我只是在回忆自己以前是否做过这样的动作。"

美国戏剧家田纳西·威廉姆斯有句名言,"敢想不敢为者,终困牢笼。"朱莉正是那类敢想亦敢为者,这句话也是她前臂的纹身。这并非巧合。她反复重申,在性事上,自己"没什么不喜欢做的。"朱莉在卧室安装了一个摄像头,这究竟意味着什么,我们不得而知。但你至少清楚,在她所涉足的领域中,灯光与流水起不了什么作用。当被问及在危险与性爱中更偏爱何者时,她回答说,"没有不危险的性爱。"她所走的是狂野路线,没有人知晓她下一步会迈向何方。

真有必要备上一小管鲜血吗?必须集齐一套鞭子与皮革吗?会有人真正受伤吗?呃,我可答不上来。当侄女问我小宝宝是打哪儿来的时候,我就已经崩溃了。不过,我们可以从安吉丽娜·朱莉的身上学到,如果你敢于推开通向自己黑暗幻想的大门,就绝对会开启属于你的塞壬之路。它也许会为你带来所需的塞壬之名。

他是否期翼着能与你在绝对会被人发现的地方巫山云雨一番?那你呢?我的建议是:除非已有过一两次尝试,否则千万别选车顶、沙坑或是泳池深处。我不是朱莉,可我也做过出格的事:一次在缅因州度假时,我和男友趁志愿消防员出警时溜进消防局,好好享受了一次鱼水之欢。临走前,我们留下一张便条,感谢那里600支纱的床单。多年以后,我的前男友依然对此记忆犹新,这件事能令他情欲高涨。

是时候模拟人质劫持事件了吗?当一回女施虐者?还是被祭

祀的处女？全情投入进来吧。向他提议说，你打算录下来传到网上。希尔顿就因此一炮而红。要是《绝望的主妇》中的布莉都可以解下围裙，稍稍来一些性虐的情节，你就更应该尝试一些更危险的东西了。男人们都希望躺在自己床上的是个坏女人。那个人为何不能是你呢？

# 语言的魅力：梅·韦斯特

## 竞争型 / 女神型

拥有一头淡金色头发的梅·韦斯特所饰演的歌手弗劳尔·贝拉·李踏进了蒿市。那里是好莱坞露天片场中的一个无法无天的西部小镇。韦斯特在《我的小山雀》中的角色身材劲爆、充满挑逗。其所到之处，皆能挑起欲望、惹来麻烦。弗劳尔·贝拉接替了蒿市那位已入垂暮之年，又刻板严厉的女教师，引来一屋子不规矩的男孩的注意。学生们不可避免地冲这位女教师瞪大双眼、嘘声连连。

"我以前对数字很敏感，"她拖着声音说道，虽然她指的是算术，但因为声调有意变了变，因而言语间又带上了些别的味道，"只要不算错，一加一就等于二，二加二等于四，五加五等于十。"

"关键不是我做了什么，而是我做事的方式；不是我说了什么，而是我说话的方式；此外还有我说话、做事时的模样。"梅·韦斯特解释道。剧本上诸如"什么时候过来看看我"或是"比乌拉，给我剥颗葡萄"这类台词本身平淡无奇。事实上，韦斯特在选择措辞时，就像维多利亚时期的人那般谨慎。可她说话时的怠惰语气无时无刻不在彰显着"性感！""性感！""性感！"这样的字眼，仿若荷兰妓院门前永不熄灭的霓虹招牌。"上帝啊，这些钻石真美！"《我不是天使》中那个检查帽子的女孩赞叹道。"宝贝，这些可不是上帝创造的。"韦斯特懒洋洋地说道，满腔讽刺。

若要追本溯源，梅·韦斯特是在母亲的指引下走上杂耍之路的。借用她的原话，她在七岁时发觉，情色表演"就像环在身上的最强壮男人的臂弯，也像是一件貂皮大衣。"她演唱的靡靡之音有伤风化，也令她越来越期盼能引来男性的注意。她对拳师、保镖、声名狼藉的律师等硬汉们，以及自己在杂技团里那些满肚子阴谋的男朋友们青眼有加。母亲告诉她，婚姻就是一张断送自己前程的快车票。梅承认，忠贞二字也不适合自己。然而，因为不知名的原因，19岁的韦斯特偷偷嫁给了一个名为弗兰克·华莱士的歌舞演员，然后就收拾行装，踏上了流浪之旅。30年后，华莱士在起诉离婚时才揭穿了她的假面。

百老汇的实事讽刺剧《按百老汇的方式》与《你好，巴黎》是梅事业上的重大突破。当观众大声要求她进行返场表演时，韦斯特展示了七段她亲笔撰写的戏剧片段，段段令人惊艳。自此，她踏上了令世人震惊与敬畏的旅程。"写剧本时，我只遵循两条原则，"她说，"以吸引人的方式，写出你所熟知的事。"她撰写的《性》于1926年在康涅狄格州的新伦敦市上演，随后进军百老汇，迅速引来美国风化肃正协会的封杀。梅因此入狱，这反为该剧带来了大量宝贵的宣传机会。1928年，《快乐男人》的全体演员被强行拽下舞台。韦斯特在《小钻石》中塑造的角色李尔后来成了她的标志。李尔其人以韦斯特为原型，是一个性感、庸俗、一见男人就两眼放光的女人。她行自己想做之事，不对任何人感恩戴德。

《小钻石》被搬上好莱坞的银幕之后，更名为《侬本多情》。梅在派拉蒙的停车场中发现了一个名为加里·格兰特的无名小生。"只要他能开口说话，我就要用他。"格兰特在剧中所饰演的年轻卧底因梅所饰演的年近40的夜总会女歌手卢夫人而堕落。卢夫人的部分对话在影片接受审查时被删掉了，但其言语间的信息照样透过韦斯特的肢体语言传达了出来。"为什么不找个时间来看看我呢。"这是一份邀约，观众绝不会理解错其中的含义。她撅起的臀部、慢吞吞的腔调，以及打量人的方式无一不在倾诉这样的话语。韦斯特幽默粗俗的表演令这部影片大卖。到1934年，她的电影已将濒临破产的派拉蒙公司救了回来。

梅·韦斯特在银幕上展现了令人惊叹的个性，这种性格特征也延续到了现实生活中。在这具好莱坞最曼妙的身材中，蕴藏着一颗男性化的心。这是所有竞争型塞壬都会描绘的蓝图。在她看来，女人们太过依赖男人，她们将自己一辈子的幸福都压在了一个男人的身上。梅换起情人来就如同普通人订披萨一样随意。可一旦找到快乐，她就会抓紧不放，并不需要寻找爱的理由。她烟酒不沾，也不会做出任何誓言。为拯救自己的灵魂，她会去参加主日弥撒。可即便这样，污言秽语依旧是她的标志。人们依旧认为她是好莱坞历史上最性感的美女之一。

77岁的韦斯特凭借现代版的《小钻石》——《米拉·布来金里治》强势回归。她在片中饰演践行潜规则的好莱坞经纪人莱蒂西亚·冯·艾伦。88岁高龄时，她又在《老襟群英会》中将被自己抛弃的前夫提摩西·道尔顿与乔治·汉密尔顿拒之门外。她的年纪足够让后者尊她一声"奶奶"了。我得承认，到了那个年纪，她的皮肤看上去已经仿若经过了防腐处理。她在情人保罗·诺瓦克的怀中与世长辞。这位演员兼健美运动员的年龄只及她的一半。他声称，自己"之所以来到世间，就是为了照顾梅·韦斯特"。

## 梅的经验

"韦斯特哼出的摇篮曲也性感味道十足。"《综艺》杂志如是说。她的嘴里也会冒出几句淫猥言辞，但她只消轻拍双颊，抬眼望向天空，就会让人觉得那是天使的低语。"我会两种语言，"她解释说，"英语和肢体语言。"她甚至能同时运用这两种语言表达自己的想法。为了让某句台词显得性感，她常会使用双关语。她对"声音与肢体的自如操控与卓有成就的音乐家对乐器的掌控相仿"。韦斯特语调慵懒，时机拿捏得当；即便静立不动，她身体的姿势也似乎在时刻变换，因此，即便朱唇未启，也一样能发出振聋发聩的声音。审查员逐字逐句地筛查她的台词，可她的表演依旧令他们倍感困惑。"你就从未找到那个能带你感受快乐的男人吗？"加里·格兰特问道。"当然找到过，"卢夫人停了下来，目光撩人，"而且不止一个。"正如她自己说的那样，真正令人血脉偾张的并不是电影的台词，而是"人格"。

梅·韦斯特的口里从未流出过一句淫秽之语，但她却向我们展示了脏话中所蕴含的一切情色力量。你可以在《巴氏常用妙语辞典》中找到韦斯特最为知名的一些台词，人们仍旧模仿着她风骚的模样在演绎这些台词。不过，我指的可不是幻想中抽象无比的性爱，因为无论如何，每隔十秒他都会这么想一次（至少专家是这么说的。）我指的是，让他幻想你跨坐在他噗噗喷气的哈雷机车上的样子，或别的什么。如果做不到的话，就让梅来为你指点一二吧。

撅起屁股，摆出一些傲慢的样子,然后放慢语速，最好像那喵喵叫唤的小猫。加重每一个音节，赋予它们特殊的意义，就仿佛在引诱他与你融为一体（反正你终究就是要和他滚床单的）。将三音节单词变成四音节，也就是说，拖着音调说话。要是时机拿捏得当，效果能持续整整一上午，尤其当他顺着你的暗示走时。

你与梅不同，电影审查机构对你鞭长莫及。事实上，他们也管不了梅的闺房之事。是时候让情事变得更火辣些了。如果你为人谨慎，那就鼓起勇气。毕竟，你是无所畏惧的塞壬。可以利用卧室中的一切细节来撩拨挑逗。需要先借助别的东西打破僵局吗？MyPleasure.com建议你大声朗读《情色边缘》（The Erotic Edge）或《金星的三角洲》（Delta of Venus）。我倒是第一次听说，不过读者们也许早在亚马逊的评论中读到这类建议了。一旦戒掉对这些文字的依赖，就不妨试试用自己的方式进行描述。告诉他，你打算一步一步对他做些什么，然后一一付诸实践。他内心的预期十分关键，然后调换角色，你反过来，大声说出想象中他可能会对你做的事，再加入稍许露骨的挑逗之语。

男人们说，你到底说了什么并不重要，关键是你说话的方式。这与梅的建议不谋而合。要是方法不对，你对情色行为的描绘听上去就会像《金赛性学报告》那样冷冰冰、硬邦邦。嘴唇微张，缓缓地深呼吸。发出一些卖弄风情的欢愉之音也未尝不可。呼气时再加上些梗塞音。嘿，这可不是我拍着脑袋编出来的，SexInfo101.com上就是这么说的。除非听上去像是三级片里的片段，不然就无需进行排练。而且，不必说什么情话，讲些模棱两可的内容即可。

# 以更为男性的方式对待情感问题

"为何女人无法更像男人一些呢？"《窈窕淑女》中的亨利·希金斯感慨道。能像男人那般思考问题的塞壬，其魅力必定势不可挡。对她而言，双重标准没有任何意义，因为她根本没把这些放在眼里。自己的浪漫命运自己做主——她因此又更添了几分魅力。她是塞壬，知道自己是谁、想要什么，也能勇敢地追求心中所想。更为重要的是，她足够强大，不惧怕承担由此带来的后果。

要怎样对待情感问题，才能表现得更像个男人呢？对此，塞壬们各有各的理解。在某些人眼里，那意味着精神独立，而另一些人则觉得是不必专情。可是，用男人的方式来思考问题并不意味着塞壬就要舍弃自己令人敬畏的女性气质。17世纪的交际花妮娜·狄朗克洛丝就曾发誓，即便不用烧掉胸衣，自己也要活得像个男人——她做到了。她拥有塞壬般的强大气场，是法国社会中一抹非凡的亮色。400多年后的女权主义者们对此惊叹不已。不论是在文艺复兴时期还是在当今社会，妮娜的经验放之四海皆准。英国女王伊丽莎白一世也能算做是其中的一员。生在16世纪的她拒绝做出任何婚姻的承诺，这也是她的魅力所在之一。爵士乐时代的赛尔妲·莎尔因用情不专一直保持着自己的优势。几十年后的卡米拉·帕克-鲍尔斯总以夺人所爱的形象示人，在写下自己人生的剧本之后，她如愿将其上演了。

如果能以更为男性的方式来思考问题，这类塞壬就能为人们引领方向。这些大胆的交际花能帮你握住掌控一切的地位。

# 拒绝承诺：英国女王伊丽莎白一世

## 女神型／竞争型

很久以前，在一个遥远的王国里住着一位女王。她无法在西班牙国王、法国公爵和一群拥有爵位的贵族之间择定自己的夫婿。事实上，几十年来，伊丽莎白女王从未对别人的追求表过态，而这些人也早就放弃了和她结婚的打算。这位"童贞女王"离世时将没有子嗣送终，她的王国也很可能因此陷入内战。但在她46岁时，希望的曙光隐隐出现在了法国国王的弟弟——22岁的阿朗松公爵身上。一位法国大使踏上英国海岸，专程来协商女王与这位"罗圈腿"公爵的结婚事宜。女王在两人相互传情的小纸条中称其为"我亲爱的青蛙"。女王这次可是动了真格，这是她保住王朝的最后希望。她欢欣雀跃地卖弄着风情，并亲昵地称法国大使为"猴子"。她的顾问们则坐在椅子上尴尬不已、局促不安。大使被她的魅力所折服。他向法国报告说，这位"标致"的女王令人无法抗拒。等公爵越过海峡，迫切地向她求婚时，两人的关系已进展到了白热化阶段。两位"爱侣"都扑入了对方怀里。可是……可是……在最后一刻，伊丽莎白还是无法鼓起勇气订下婚约。嗯，这位女王可能有承诺恐惧症。

伊丽莎白一世是声名狼藉的安妮·博林与亨利八世的女儿。这两位的婚姻是史上最具灾难性的结合之一。在安妮诞下一个女儿而非儿子之后，亨利八世就捏造了安妮通奸的罪名，将其斩首。

伊丽莎白公主的人生极为坎坷，尤其在亨利八世过世后。因为害怕她会威胁到自己的王位，伊丽莎白同父异母的姐姐玛丽一世将她关进了伦敦塔——"血腥玛丽"的绰号可不是闹着玩的。伊丽莎白没有表现出对任何宗教、政党或观点的偏好，因此保住了一条命，但优柔寡断只是她的伪装。

"主啊，做你想做的事吧。至于我，只好做能让自己高兴的事了。"

——伊丽莎白一世

人人都说，红发的伊丽莎白酷似她的父亲，"标致"多过漂亮。十岁时，她用25岁女性那般的聪慧和睿智逗乐了亨利八世。她早熟的魅力征服了所有人。男人们折服于伊丽莎白敏捷的思维，她的教师说她的身上"不存在女性的缺点"。她喜欢身着缤纷耀眼的服饰，集皇室贵气与亲民气质于一身，庄严与机智并存，既让人觉得亲切又保持着不可接近的距离感——她永远是充满生气与捉摸不定的矛盾体。"她的目光注视着一个人，耳朵聆听的是另一个人的声音，在对第三个人做出判断的同时又在与第四个人交谈，她的心似乎无处不在……"她与顾问间形成了一种"准色情"的关系，因此很容易就能让他们效忠于自己。自25岁的伊丽莎白加冕的那一刻起，他们就开始乐此不疲地关注她将与谁共枕这个问题。

西班牙国王腓力二世、托马斯·西摩、奥地利费迪南大公及其兄弟查尔斯、瑞典的埃里克王子以及威廉·皮克林爵士都送来消息——所有人都沮丧万分。这位女神在执政的第一年就立下了规矩。"我已经嫁了一位丈夫，他就是英格兰王国。"她对议会如是说。但大家都以为她只是说说而已。在亮出了婚姻这张牌之后，当时的两个超级大国法国与西班牙为她形成了对立之势。伊丽莎白暗示法国国王亨利二世，如果他肯帮她一个微不足道的小忙，将北部港口城市加来还给她，她就不再与西班牙国王腓力二世谈婚论嫁。她一直都没有把腓力推开，这样西班牙就会永远站在她这一边。最后，伊丽莎白总能得到自己想要的东西，而求婚者们却迟迟得不到她的答复。在消息以音速传播开之前，就是这样一种状况。

"她还是处女吗？"每个人都在猜。有人怀疑她一直无法对罗伯特·达德利忘情。在童年的伊丽莎白惊恐万分的时刻，是这位莱斯特伯爵陪她走过了希望与恐惧。在他逼婚之际，伊丽莎白曾说过一句名言："我这里只有女主人，而不会有男主人。"达德利结过两次婚，但几乎一直跟随在伊丽莎白左右。"你就像是我的小狗。"她的话也许并无赞许之意，"人们一见到你，就知道我在附近。"伊丽莎白并没有给予他们想要的东西，而是不断激励这些人，所以他们不断回到她身边，想要索取更多——她就是喜欢这种方式。

伊丽莎白所做的最为轰动之举要数处决自己的表亲——苏格兰女王玛丽了。这位空有美貌的傻瓜在暗中谋划，想把伊丽莎白拉下王位。可她是英国历史上最耀眼的君主之一，一旦出手，就没有半分犹豫。她调集了英国的海上力量来对阵西班牙无敌舰队，并将其击垮；她支持了莎士比亚等艺术家的发展，使英国迎来了文化的黄金时期；她带领英国踏上了通往伟大帝国的道路。继承王位44年后，她就像自己曾预见到的那样，没有签下一纸婚约，没有留下一位子嗣，保留着童贞离开了人世。她的表亲，玛丽之子詹姆斯继位。

## 伊丽莎白的经验

　　伊丽莎白的父亲亨利八世苛待了自己的六任妻子，甚至将其中的两位送上了绞刑架。伊丽莎白同父异母的姐姐玛丽一世与丈夫西班牙国王腓力二世为了皇室的掌控权而心生间隙。她的两个继母死于难产。简而言之，伊丽莎白目睹了"爱情的危险性"。九岁时，她就曾向罗伯特·达德利发誓说自己终身不嫁。成为女王之后，婚姻与她执政的风格格格不入。她发现，只要拒绝做出承诺就能得到自己的所需，甚至更多。

"她的求婚者众多。"威尼斯大使说，"只要拖着不做决定就会让他们心存希望。她说服自己，为了赢得自己的青睐与婚姻联盟，这些人会竞相全力满足她的需要。"既能引诱这些可怜的追求者拜倒在自己的石榴裙下，又能引来整个宫廷勃然大怒，这位"含糊其辞的情人"心存愉悦。那些男人们觉得，但凡女性都会想要找个归宿，伊丽莎白终究还是会让步的。但她从未让他们的期望左右自己要走的路。结果呢？她的权力与魅力几乎成了"神话"般的存在。

伊丽莎白所处的16世纪是否与现今的预期脱了节呢？男人不是总觉得女人想要得到一个承诺吗？他们不是总认为有必要尽可能逃避这种承诺吗？只要你对承诺这种事漫不经心，他们就会想从你那里得到更多——前提是他们肯信你。伊丽莎白的经验是种常识。权势的均衡取决于愿意抽身而退的一方。男人时常会在需要临门一脚时犯了马虎。他们只有在谈判模式下才能呈现出最佳状态。

我自己也有一段值得与大家分享的浪漫历程，尽管我承认这并非我的本性：我与一位畅销小说作家已经约会了一段时间——我倾心的并不是他本人，而是他魅力四射的生活。后来我告诉了他真相：我只是玩玩而已。他觉得这不过是我故作清高的花招而已。我们分手很多年后，他还是不停在我身旁转悠。不过他最终承认，我对他极具吸引力，因为我从来就没有完全臣服在他脚下。后来他采取了报复措施，以我为原型在他的小说中创造了一个人物——一个死于一场可怕事故的贱人。我不知道，但我想，能让他一辈子都忘不了也不错。

当男人遇到一位总把他推开的女人时，就会产生逆反心理。

"没有她，我就活不下去了。"他会这么想，完全忘了就算她离开，自己也可能会活得很好。前进，后退，对自己的计划守口如瓶，然后就是摊牌。不要以游戏的终点——走进婚姻的围城——为目标，而要从伊丽莎白的故事中汲取经验。别再去想那些蓬蓬的白色婚纱。不要试着去冠以夫姓，让魅惑融进你的血液。享受当下，不要去想你们最终会走向何方，他会为你疯狂的。

伊丽莎白从未厌倦过这场游戏，因为它迎合了她的目的。但也许承诺和婚姻是你想要的。不过，你还是能学到更为深刻的经验。不论是同伴、竞争对手，亦或是女神，聪明的塞壬永远不会放弃自己的全部。借用我朋友霍普的话，"她有一部属于自己的肥皂剧"以及一种无法企及的独立精神。自主自决是极为性感的。你对男性的欲求越少，就越令其难以抗拒。

# 追求心中所想，管他结局是喜是忧：卡米拉·尚德

## 竞争型/母亲型

1972年一个阴雨绵绵的下午，卡米拉·尚德在温莎马球场上轻快地走向威尔士亲王查尔斯，"我的曾祖母是你曾曾祖父的情妇，"她说，"怎么样？"电影版中的卡米拉——要是真有这么一部电影的话——会是一位裹着米色开司米、戴着古奇配饰的时尚达人。可事实并非如此。一双满是泥浆的惠灵顿雨靴，一条邋遢无比的灯芯绒长裤和一件老旧的绿色夹克就是她当时的行头。雨丝更是把她原本就很糟糕的发型弄得更为不堪，可查尔斯却对她一见倾心。她浑身洋溢着的自信和个人命运感总是令人惊叹。不出几周，她就俘获了威尔士亲王的心——那里再也没住进过第二个人，可卡米拉拒绝了他的求婚。她的过去有着太多的桃色新闻，实在不适合成为未来的王妃。

这个故事里的曾曾祖父爱德华七世的情妇数不胜数——你还能在本书中找到其中一些人的身影，不过爱莉斯·凯柏尔是公认的"宠妃"。爱德华的情人中不乏更为艳丽不可方物之辈，但只有爱莉斯才能抚慰他那颗帝王之心。"她的魅力不在脸蛋。"一位传记作者这样写道。事实上，她的丈夫乔治长得更为俊俏。当爱德华觉得无聊时，爱莉斯就是一颗开心果。她包容他的暴躁脾气，永远理解他的需求。"与所有成功的情人一样，"有观察家写道，"她既是情人，也是妻子和母亲。"与爱莉斯在一起时，

爱德华感觉很惬意。卡米拉早就准备好扮演这一角色了——尽管她的出场更为质朴。"不落俗套"，卡米拉·尚德的同学说，她甚至在上学时就已经"魅力四射"了，"她只要做自己就行了。"而她就是一个性感的竞争者塞壬。她自信满满、意气风发。卡米拉喜欢穿"过时的连衣裙加开襟衫套装和花呢短裙"。可即便这样，初入伦敦社交界的她依旧远比那些漂亮女孩更受欢迎。"米拉"永远不会害羞或张口结舌。她的脑子里总装着一些有趣的话题。男人们对她在猎狐场的冷酷无情倾慕不已。"你给我滚!"是她的标志言辞——她对爱情的态度也是如此。她看上了浪子安德鲁·帕克-鲍尔斯，并将其变成了自己的战利品。与帕克-鲍尔斯成婚几年之后，她又重新踏上了自己之前中断了的旅程——成为查尔斯的宠妃。

"这段婚姻里有三个人。"卡米拉亲自挑选的处女新娘，戴安娜王妃说。嗯，你觉得不是这样吗？"卡米拉门"中就爆出了确凿的证据。一名记者偷录了一段两人间亲密的电话交谈。查尔斯说自己渴望转生成卡米拉的卫生棉——原因显而易见，这里就不再赘述了。真相就像在五级飓风中决堤的大坝，再也藏不住了。事实上，查尔斯和卡米拉在一座18世纪的庄园中过着双重生活。他们把那里称作自己的家，在那里举办宴会，并偷偷结伴度假。她安排他的生活起居，为他出谋划策，倾听这位四面楚歌的亲王的苦恼。公众完全不明白，为何查尔斯喜欢强悍的卡米拉，而不是高雅的王妃？

《查尔斯王子切断了与卡米拉的所有联系：责任大过爱情》伦敦一家报社大张旗鼓地刊登了这样的标题。做梦去吧。他们低估了一位有计谋的母亲塞壬的耐力。卡米拉为自己备下了一杯烈酒，并成功应对了一大堆恐吓信。这对情侣开始低调起来。亲王在卡米拉那里找到了避风港，而她显然让他成了自己的"性奴"。戴安娜王妃没了任何盼头。当然，戴安娜优雅万分，名望俱佳，甚至还拥有圣徒般的地位，但她就是没有塞壬那般的手腕。戴安娜离开查尔斯后不久，就在一场车祸中香消玉殒。现在，全世界都觉得卡米拉的双手沾满鲜血。

自马球场相遇33年后，查尔斯第二次向卡米拉求婚。婚戒是一枚镶有八克拉钻石的传家宝。她说自己从天堂般的兴奋中"回到了现实"。可英国人民却无法那么轻易地原谅和遗忘一切。卡米拉永远也不可能问鼎后位。她受封为伴妃康沃尔公爵夫人——总的来说，对一介布衣来说，这也不错了。可是，过宠妃的秘密生活不是更有趣吗？

## Tips
### 成为搭讪达人

挤开三个女人之后，你终于站到了他面前。唉，可惜你的曾祖母不是爱莉斯·凯柏尔，他也不是威尔士亲王——因此卡米拉那套完美的开场白在这里根本就用不上。那么，你要用那些蹩脚的搭讪台词吗？事实上，如果女人们能用讽刺的口吻说出这些话，也会显得魅力十足。为什么不就说一句"像你这样的好男生待在这种地方做什么呢？"你还可以邀请他去你的工作室，欣赏你的蚀刻版画。至于那种直接跟他说"今晚我们可以共谱一曲。来说说吧，你打算怎么配合我？"等这类带点撩拨意味的挑逗言语就干脆忘掉吧。

## 卡米拉的经验

"她会得到自己想要的生活——她浑身上下都透露了这样的气息。"她的一位同学说。她想要的生活中包括了威尔士亲王，这个家族的历史就注定了一切。"她总是提到这一点，"她早先的情人之一说，"就好像这是护身符一般。"出于某种象征意义，卡米拉甚至用爱莉斯·凯柏尔与爱德华七世的女儿的名字，"罗斯玛丽"，来作为自己的中间名。"你最大的成就是爱上了我。"在"卡米拉门"中泄露出来的录音中，查尔斯王子如是说，她对此毫无异议。

如果查尔斯不是亲王，卡米拉还会爱上他吗？谁知道呢，而且到了现在，讨论这些还有意义吗？她的爱是真挚的。查尔斯为何能在如此拥挤的马球场中注意到卡米拉，这个问题至今仍让他们的同辈人觉得有趣。"四周全是魅力四射的尤物，"一位观察家说——而且她们都像卡米拉一样，想要扑向他。有人说，卡米拉研究过自己的猎物。她知道查尔斯最需要什么，并迎合了他的需求。在他"感受不到一丝爱意的生活中"，卡米拉是第一个"能真正理解他，满足他的需求，聆听他的想法"的人。卡米拉集母亲塞壬与厚颜无耻的竞争者塞壬为一体，完全征服了查尔斯。

从埃及艳后到温莎公爵夫人（卡米拉与她之间有着诡异的相似性），历史上绝对不乏敢于追求自己心中所想的塞壬。没有人能抵挡住来自一个心怀使命感的女人的诱惑，尤其是一位自信满满的女性。受到引诱的男人受宠若惊，其程度甚至不是他自己最初愿意承认的那一点所能比的——我的朋友萨宾娜就证实了这一点。毫不夸张地说，她躲在拥挤的美术馆的另一端观察着第一任丈夫的一举一动。她并未设法让人将自己介绍给他，可还是吸引到了他的目光，并向他颔首示意。萨宾娜向来不缺勇气，也知道自己的外在条件有着强大的吸引力。当晚，在市中心的一家酒吧里，史蒂夫就已经坐到了她的腿上。萨宾娜已经开始了新的感情。虽然那都是陈年旧事了，但她每每总能让自己出现在那个人的面前，得到自己想要的东西。

"我真的想要一杯金汤力。"

——见过查尔斯的儿子后，卡米拉·尚德这样说

问题来了：追求心中所想，并不一定就会让你成为受欢迎的人。对此，谁也没有康沃尔公爵夫人那般的切肤之感。人们在神化戴安娜的同时，抹黑了卡米拉。新闻界对她进行了猛烈抨击。王妃私底下叫她"罗特韦尔犬"，并将此透露给了小报记者。若是换成一个羸弱的女人，怕是早禁不住媒体不间断的狂轰滥炸了。可你知道吗？卡米拉坚持了下来。"从不解释，永不抱怨。"这一直是她的信条。

看到房间那一头你倾心的人了吗？穿过人群向他走去。下定决心，不论想要什么，你终将会得到——甚至还收获更多。只要动用了她身为塞壬的本事，一个怀揣目的的女人就一定能打动男人的心。决心本身就是一股强大的力量，能帮你成功实现自己希翼的目标。走自己的路，让别人说去吧。勇敢追求心中所想，管他结局是喜是忧。

# 自己做主：妮娜·狄朗克洛丝

## 伴侣型 / 竞争型

"你会忘了我，背叛我。我知道你的心，它让我惊恐，使我迷恋。"在长途旅行前，拉·沙特尔侯爵抱怨说，"现在，我希望你能做出书面承诺，发誓将对我忠诚……"妮娜·狄朗克洛丝对自己的情人总是很温柔，她轻声辩解说，这种承诺很愚蠢。可是，一位女士会怎么做呢？她不忍心吊着侯爵的胃口，让他痛苦不堪。于是，她写下了自己的誓言——不出两天，誓言就已烟消云散了。事实上，现在拉·沙特尔的便条（Billet de la Châtre）指的就是一纸空文。

妮娜·狄朗克洛丝按照自己的法则生活，有时明显与当今时代的准则相抵触。在她的情事中更是加倍如此了。她将欲望"视作是完全盲目的机械或化学的力量。"既然浪漫的爱情转瞬即逝，忠贞就显得荒唐可笑了。听起来有些像二十世纪的观点，对吧。在别的女人因男人出轨而愤怒不已时，妮娜却并不忠于"这种判断"。有人觉得，要是有男人因此"责备她，就是在伤害自己"。

妮娜·狄朗克洛丝出生在文艺复兴时期的一个并无多少产业的法国家庭——差不多就是个无名小卒——母亲带着年轻的妮娜·狄朗克洛丝来到了修道院，但随心所欲的父亲则在她身上留下了鲜明的印记。那个年代有三分之二的女性连自己的名字都不会写，可亨利·狄朗克洛丝却设法让自己的宝贝"妮娜"学会了读写，他为她的自由哲学做好了准备。"利用宝贵的时间，不要顾忌自己所享受的欢愉的数量，重要的是欢乐的质量。"这是他的临终建议。在朗布依埃城堡著名的蓝厅沙龙中，妮娜以交际花的身份出现在了巴黎上流社会中。一开始，高雅的玛丽恩并未意识到，自己这位相貌平平的朋友其实是个塞壬——直到妮娜在她扑满脂粉的眼皮底下勾搭上了她的情人。妮娜的魅力不在于容貌。"她根本就没有什么姿色"，吸引人心的是她深情款款、令人兴奋的陪伴。她活泼的思维总能"与她身边的人合拍……"她善于辞令，言谈总能引人入胜，令人兴奋。

"把细腻的感情留给友情，接受爱情原本的样子……你付出的尊严越多，它就会变得越危险。"

——妮娜·狄朗克洛丝

"我发现，人们把最无聊的事都记在了女人的账上。"20岁的妮娜说，"从那一刻起，我将像男人那样生活。"她拒绝结婚，认为那是"丑恶的"专制。自然，一个姑娘若想独立生活，这种令人讨厌的事是避不开的。她将自己的仰慕者们分成了"钱包（那些付钱以换取她的陪伴的人，但不一定要和他们上床）"、"牺牲品（三振出局的人）"以及"宠臣"三类，这些人都会涌向她的沙龙听她弹鲁特琴。她精心挑选的"随想曲（风流韵事）"很少超过三个月。"在爱情之中激情燃烧，但爱情的火焰几分钟便会熄灭。"她说。被她踹下床来的男人们最终都成了她一生的朋友——当然，作为伴侣塞壬，她身边这样的男士可不少。法国的安妮女王恼怒于她的魅力，将她锁进了一所修道院，但瑞典女王克里斯蒂娜把她救了出来。

"在十七世纪的巴黎，妮娜·狄朗克洛丝在舆论中享有决定权。"她的传记作家这样写道。太阳王路易十四在换情妇之前，都不忘问一问她的意见，"妮娜觉得如何？"她憎恶传统或宗教意义上的"美德"，却为浪漫的礼仪设定了高标准。显然，男人远不够格征战爱情的战场，因此妮娜开设了一家英勇学院，教导他们。

"如果想要别人张开双手拥抱你，你就必须讨人喜欢、风趣幽默，成为她不可或缺的欢乐的源泉。"这是她给一位年轻学生的忠告。妮娜对吹牛大王和腐儒都没什么的耐心。她告诉男人，女人有时会口是心非——放到现代，这种观点不合时宜，但在那个年代却很是激进。看到自己的机会之后，这位23岁的学生立马投入了48岁情人的怀抱。据说，妮娜的私生子就拜倒在了她的石榴裙下，在得知她的身份之后，他痛苦地结束了自己的生命。

妮娜中年时开始举行自己的沙龙，成为恋爱顾问、高贵的"狄朗克洛丝小姐"。在她最后的告别课程中，她允诺了与一位好色的年轻神父共度一晚春宵，但她最终还是在那一晚仙逝了，她说那是送给自己80岁生日的礼物。

## 妮娜的经验

妮娜"行使了男性所有的权利和特权",与此同时她也没有忽视自己巨大的女性魅力。她的情人有可能想要包养她,但妮娜不愿意成为一种商品——并毫不含糊地表达了自己的想法。她过着自己觉得合适的生活,决不向任何人低头。对她众多多情的崇拜者来说,妮娜独立思考的能力是她最性感的地方。

## Tips
### 摆出高姿态

妮娜的一位朋友逃离法国时,将自己超过半数的财产藏在了棺材里,交给她保管,剩余部分他托付给了一位牧师。猜一猜,待他归来时,谁连本带利地归还了现金,而谁又已经花得分文不剩?伏尔泰将妮娜称作是"美丽的棺材守护者",这一段荣耀的传奇在历史上被反复传唱。妮娜在"杰出男性排行榜上赢得了一席之地",尽力成为一位"谦谦君子"。不违背自己的诺言,暗算朋友或是争抢着第一个挤上救生艇。

一个不知打哪儿来的略有几分姿色的女孩怎么会在法国社会上产生如此重大的影响?看上去这与让小甜甜布兰妮成为美国仪典长一样不可能。秘诀就是妮娜与众不同的性格。她竭力想要成为法语中的homme honnête(意思是,老实人)——她所做出的郑重承诺，你完全可以相信。她支持自己的自由恋爱哲学，即便当它已经开始为她带来了不便。在得知情人与自己的朋友谱出一支浪漫曲之后，她并没有因为他们的行为对他们破口大骂，而是批评了他们没有胆量公开自己的恋情。据说，你越去想"妮娜的优点"，就会越觉得她魅力无穷。她特立独行的思想信念融化了他们的心。

有太多的伟大女性努力想要符合社会的标准。我不会指名道姓，但你们自己知道是谁。你是否已经注意到，你完全可以预见到那些好莱坞备受尊敬的女演员对世界的看法？科特妮·洛芙几乎松了一口气。我很想知道我以前的同学格雷琴现在正在做什么。格雷琴一直是一位迷人的女郎，即便在小学时期，就一直很独立，我们每年都推选她当班长。当我们都在设计自己在舞会上出场方式的时候，格雷琴却在希腊一个偏远的小岛上挖掘废墟。男人（事实上是男孩）为她神魂颠倒，这些人她是手到擒来。要是她让他们穿上裙子，他们也绝对会照做的。为什么呢？因为格雷琴与妮娜一样，拥有真实且深刻的想法。她的"准则"一贯就是以精心考虑后的方式表达出自己本质上是什么样的人。

不论在哪个世纪，思想独立的女性都拥有蛊惑人心的魅力——永远不会比今天更甚。要想攻陷他们的心防，你首先就必须赢得他们全心全意的尊重。但请记住，你永远都无法依靠强权与嗓门做到这一点，以塞壬之道制定出属于你自己的哲学术语。借用西蒙娜·德·波伏娃的话来诠释就是：应该由那些"最大限度"利用自己女性特征的人来享用战利品。

你，我亲爱的，如果清楚地知道自己心中所想，以及为何这么想，那么你就能发号施令。做真实的自己，就算那你的推理方式并不是特别时尚。展示你真实的性格，不要因为河水变得寒冷、黑暗，就在中途调转航向。像帆船那样宁静安详，他们就会在迷雾中听见你塞壬般的响亮声音。

# 广撒渔网：泽尔达·塞尔·菲茨杰拉德

## 伴侣型 / 竞争型

"快点回到蒙哥马利，自你离开之后，整座城镇已经遍体鳞伤。"泽尔达·塞尔位于南部的心上人给身在纽约的她发去了电报，"毫无生气、无聊至极，长舌妇们也没了闲聊的话题……"一如往常，新婚的F.斯科特·菲茨杰拉德夫人正忙着搭乘出租车，喝完香槟后潜入公共喷泉——换句话说，为爵士乐时代烙上大胆与颓废的印记。菲茨杰拉德夫妇是一对"幽灵般美艳"的璧人。斯科特的文才冠绝文坛，《人间天堂》刚刚出版，而泽尔达——"美国头号女郎"——就是该书的灵感源泉。然而，与风云人物步入婚姻殿堂并不能阻止泽尔达在从纽约到法国里维埃拉的这一路上使无数男人心碎了一地。

在虚构的《乱世佳人》详述了郝思嘉的丰功伟绩之前，真实生活中的泽尔达已经令整个东部走廊为之愤慨。她吞云吐雾，会讲一些惊世骇俗的故事，会跳贴面舞，还会穿起肉色的泳衣——相信我，在战前迷人的岁月里，对初涉社交界的少女来说，这绝对是低俗的玩意儿。南方的佳人们贞洁、端庄，至少表面上是这样。"有两类不同的女孩，一类会在夜晚搭你的车子兜风，而大家闺秀则不会这么做。"显然，泽尔达属于前者，而且精于此道。要是蒙哥马利都已经开始说闲话，还会有谁在乎呢？

美貌的泽尔达对生活的要求极为贪婪，她会真的从令人眩晕的高崖纵身跃入寒冷彻骨的冰水。她那竞争者塞壬的勇气与藐视一起的态度让情郎们感觉目眩头晕，似乎事情可能会演变得极为失控。男孩们就像爱凑热闹的人一般，兴高采烈地涌向"事故现场"。这种蜂拥而至的场面本身就是她带来的幻觉的一部分。在亚拉巴马州的奥本大学，五位足球运动员专门为她成立了"泽达·西格玛"联谊会，新会员们因其对这位蒙哥马利美女的"狂热忠诚"而闻名，附近美军基地的飞行员们甚至会做出危险的特技飞行来取悦她。

　　"没有人曾测量过，即使是诗人也没有，一个人的心里能装下多少东西。"

——泽尔达·塞尔·菲茨杰拉德

　　1918年，斯科特在乡间俱乐部的一次舞会上遇到了泽尔达，当时战争已接近尾声，他的部队就驻扎在附近。他们几乎是一见钟情。"他的肩胛骨下似乎有股神力在支撑，令他的双足能悬于地面之上，令人心醉神迷。"她这样评价他们共舞时的情景。从这句话中，你可以想象得出，这位崭露头角的小说家为何会在自己的散文中剽窃泽尔达的日记。当菲茨杰拉德返回北方去追求自己在文学界的声名时，这段浪漫的恋曲时断时续。"我将不会、肯定不会、不应该、无法、一定不能结婚。"斯科特在给朋友的信中写道。泽尔达并不准备为此哀伤，她吹嘘说自己"吻过了数以千计的男人"，并打算"再送出成千上万个吻"。如果这是她打算用来迷住斯科特的计划之一，那可真是残忍又邪恶。

"亲爱的，我爱你胜过这世上的一切，"她给身处纽约的斯科特写信道。这并不能阻止她与一位飞行员亲吻，以便感受他胡子的触觉。当她的爱人没有回信时，她还能做什么呢？她拜倒在一个来镇上参加高尔夫活动的年轻人的魅力之下。在接下来的那个周末里，塞尔达登上了蒙哥马利与亚特兰大报纸的社会版头条：据报道，她戴着那顶系着飘带的别致的麦秆辫草帽离开了亚拉巴马。不下四个来自佐治亚理工学院的人在车站遇到了她。他们都与她订好了约会。在那个周末，泽尔达"喝得烂醉如泥"并且"订了情"，尽管那时她已经算是斯科特的半个未婚妻了。

"我爱上了一阵旋风，"菲茨杰拉德写道，"我必须结一张巨大的网才能抓得住它。"当她将写给另一个男人的信塞进了寄给斯科特的信封里的时候，他再也忍受不了了。斯科特跳上下一班开往蒙哥马利的火车，准备向她求婚，"这个女孩值得我立刻采取行动。"

嘿，泽尔达最后还不是失去理智，玩起了三角恋？F.斯科特·菲茨杰拉德不还是变成了那个酒灌得太多太多的作家？他们之间注定失败却浪漫无比的故事就是很棒的文学素材。在我的家庭中，我们绝不会让一丝一毫的疯狂毁掉一个富有魅力的女子所能谱写出的传奇。泽尔达·塞尔·菲茨杰拉德是爵士乐时代的伟大塞壬。在南部彬彬有礼的传统下，她在自己钢铁般的意志外涂抹了一层糖衣。如果说一位南方佳丽能在母亲膝下学到什么，那就是如何一面表现出淑女风范，一面为自己留下一两个备胎。

## 泽尔达的经验

一些泽尔达完全不认识的男大学生将她的照片钉在了墙上。在从报纸上获悉她结婚的消息前，有人一直觉得自己在与她约会。但她只属于她自己，以及"大家，而不是任何一位追求者"，菲茨杰拉德会在《初出闺阁》中这样写。她本能地知道，对斯科特来说，她魅力的一部分就来自于她对房间里的所有人都有吸引力。即便成了菲茨杰拉德夫人，她依旧能够游走在情书与情诗之间，不知羞耻地扩大自己的人气。泽尔达无所畏惧，风趣幽默。她是一颗流星，有着不可思议的"不着痕迹管理男人的能力"。她是能够管理好鱼塘的捕鱼大师。

## Tips

### 留下罪证

泽尔达是不小心才把应该寄给斯科特竞争对手的信塞进了给他的信封的吗？我们永远不可能会知道，但这绝对引起了他的注意。要是他一点风声都得不到，那么你玩三心二意的把戏就没有任何好处。我们从泽尔达身上学一招，要让他知道你炙手可热，但没必要自吹自擂——因为不论怎么做，都不是淑女所为。你只需粗心大意地留下点罪证：留在电脑屏幕上的一封电邮，附在鲜花上的卡片，你来不及掐断的语音留言。向他保证，对你来说这些人没有任何意义——他们只是情不自禁而已。

南方人喜欢收集情郎的优良传统究竟是因为什么？这并不意味着女人是扯谎的露西尔，而是说在她摸到一些门道或是妙不可言的人出现之前，给自己留一些选择的机会。然后广撒渔网，让妙先生时刻保持危机感。现今的女性太过急切地甘愿为某种承诺献出自己的自由——有时候甚至连他的具体情况都没有摸清，甚至连他是否是有妇之夫都没弄明白。女士们，我妈妈常说，他不会感激你的牺牲。你甚至可能给他留下一个太容易就追到的印象。他当然不会坐在家里等你的电话。这样你立马就失去了优势。

塞壬必须具备强大的感觉，即至少在三种状态下，男人会想要得到她——只要他们有机会，就会在瞬间把她搂到怀里。没必要否认人性入门课程上会讲授的内容——竞争能为市场推波助澜。被人们视作合意的东西只会变得越来越令人喜爱。永远也不要完全停止三心二意，即便你已经是团队的一员。

### 你能够以更为男性的方式对待情感问题吗？

这不是战斗的号角。没必要放下你迷人的女人味。像男人那般思考只是意味着在情感问题上，你应以更具战略性的眼光来行事。如果对于下列问题，你回答中的"是"要多过"不是"，那么你就能够成为可以发号施令的性感塞壬。

1. 你觉得自己能主宰自己的浪漫命运吗？

2. 两性关系中的双重标准是历史的残留吗？

3. 对于女性的独立，你觉得男性做出的回应很棒吗？

4. 你会追求自己的心中所想而不顾及它是否看起来"正确"吗？

5. 你觉得一个非常女性化的女人能够像男人那般强大吗？

6. 你认为自己更像是"童贞女王"而不是"尽职的妻子"吗？

7. 你觉得在考虑是否与某人发展关系之前，需要了解大量关于他的事，保留选择浪漫的权力？

8. 按照自己的原则生活的女人比那些需要依靠他人指导的女性更幸福吗？

9. 想要得到自己无法企及的东西是人性吗？

10. 获得了男人所拥有的所有"特权与快乐"的女人在面对打击时就应该毫无怨言。你同意这种看法吗？

# 打造权力的基石

　　塞壬叫人无法抗拒的呼唤背后隐藏着什么？是她成为独立个体的天赋。只要出手，就必定做到极致。塞壬会在世间留下自己的痕迹——反之，这也使得她愈发魅力无穷。借用某人的话，"如果一个女人的品格能让我心生敬畏，那么她就更有可能值得我深陷情网。"

　　塞壬会不断磨砺自己独特的才能与力量，直到它们闪烁出耀眼的光芒。她会倾尽全力使自己变得强大无畏，并对此不加掩饰，不论这股力量最终会带着她走向何方。她也许会成为一位抱负远大的叛逆者或是能解决最棘手的政治问题的俏佳人。她也许能将一支歌唱入人心，摄人魂魄。她享受生活，展现出自己最成熟的姿态，用无穷的超凡魅力照亮前方的道路。你将在本章遇见几位擅长打造权力基石的塞壬。

　　在第一次世界大战的风口浪尖上，伊迪丝·琵雅芙在巴黎工薪阶级社区的一盏路灯下呱呱坠地，但她与我们心目中用歌声魅惑人心的塞壬有所出入。克莱尔·布思·鲁斯永远不会满足于自己那张人人称道的漂亮脸蛋，她凭借着自己令人炫目的智力，赢得了颇具威望的男人的心。苏珊·萨兰登浑身上下没有一处不让人为之着迷，她为正义而战——在这一过程中，她化身成了睿智男人身畔、只存在于幻想中的魅力女神。

　　她们的经验告诉我们，抱负远大的塞壬可以活到老，学到老。

# 反叛有因：苏珊·萨兰登

## 母亲型

在电影《末路狂花》中，苏珊·萨兰登与吉娜·戴维斯开着一辆绿色的复古敞篷车一路劲歌热舞，到了墨西哥。起初，她们只是打算远离自己游手好闲的男人，出来度周末，可事情却变得一发不可收拾。她们被两个州通缉——而且只将执法人员甩在了一两个小时的车程之后。这些性感的亡命之徒早已不再感到懊悔，家中已无牵挂。在高速公路上向她们比划出下流手势的卡车司机很快就会有意料之外的收获。塞尔玛（吉娜·戴维斯 饰）卖弄着风情，将他引下公路，一枪打爆了他的轮胎。路易斯则将卡车炸成了碎片。对所有遇到过这种人渣的女性来说，这一幕是甜蜜的报复，她们能间接感受到那种刺激。她们俩是戴着时髦墨镜的叛逆塞壬。

虽然遭到压抑，但路易斯（萨兰登 饰）却能心系他人冷暖。她梳着整洁的小盘头，有本事坏了别人的兴致。当然，一切都已不复最初那般模样。路易斯努力将差点遭人强奸的恐惧从脑海中驱赶出去，尽力平息那股必将引爆的沸腾怒火。而萨兰登则极尽自己的挑逗之功，为自己扳回一局。她就是为了这个角色而生的。自她最初的估算来看，她具备"高度发达的正义感"，而今，她的塞壬形象就基于此。

原名苏珊·阿比盖尔·托玛林的萨兰登是家中九个孩子里的老

大——从一开始就具有母亲型塞壬的优良传统。大学期间，她嫁给了演员克里斯·萨兰登。当时，"同居"依旧是件惊世骇俗的事。与所有的机缘巧合一样，在陪着克里斯参加了一次试镜之后，大眼睛的苏珊开启了自己的职业生涯。《艳娃传》与《洛基恐怖秀》让她一举成名。然而，那位横扫一切的塞壬现在还羽翼未丰。离婚后，弗兰克·阿穆里和路易·马勒这些导演一直陪护在她身边，但她的演艺生涯一直没有突破天真无邪的少女这一角色的限制。

萨兰登在《美丽的坏女人》中饰演了一位爱管闲事的家庭主妇，人们赞誉她的形象甜美可人，声音仿佛涂了一层泡着肉桂的牛奶。直到她在《百万金臂》中扮演了一位苗条性感的母亲，她的甜心之路才走到尽头。当时萨兰登已近不惑之年——呀，事实上已经四十好几了——因为年纪太大，人们对她能否演好这个角色产生了怀疑。但她的试镜改变了一切，她所饰演的安妮·萨沃伊是一位"性传教士"，一位崇尚棒球运动的小镇老师。安妮靠着怪异的性行为与沃尔特·惠特曼的诗句将蒂姆·罗宾斯饰演的年轻投手调教成了高手。"萨兰登演绎的这个角色散发出了令人无法抗拒的魅力，"有评论家这样写道，"也许蓦然回首你才会发现，她完全就是男性幻想中的那种女性。"这位母亲塞壬总在暗地里施展自己的魅力。

拍完电影后，萨兰登就将与自己演对手戏的28岁的男主角领回了家。在思想保守的人眼里，这对夫妇俨然成了雌雄大盗。在海地难民、全球饥荒、民权、艾滋病患者、妇女问题以及海湾战争上，萨兰登都秉持自己的和平立场，为弱势者代言。"她是我这一生中所见过的最自由开明的人。"一位最忠实的崇拜者说。

当问及自己的见解是否会伤及她的事业时，她回答说，"这就像是你从火场中逃出来时还在担心自己的内衣肩带是否露出来了一样。"事实上，乘警车去一趟市中心只会有助于她的发展。"她显然十分聪慧，并热衷政治活动，浑身上下散发出成熟的性感，这使她成为理性男人梦寐以求的女神。"一位电影评论家写道，"而她所拥有的并不只是性感而已。"

在《情挑六月花》中，萨兰登扮演的服务生嗜酒成性，能挣到20英镑，虽然顶着黑眼圈却依旧能够勾引到男人。她绝对可以显得"很沧桑"（用她自己的话说），同时又能化身成男人幻想中"能让自己变得骄奢淫逸"的人。萨兰登就像是一只咆哮的母狼，告诉他们女性气质远不止美貌这么简单。

## 苏珊的经验

萨兰登在《死囚漫步》中探讨了死刑这一话题。她在公益广告中努力为《第一修正案》所保护的权力而战。她站在奥斯卡金像奖的颁奖台上慷慨陈词——并为警察在中央公园某次集会上所施行的暴行而登台抗议。她代表公愤与姊妹社，不止一次去监狱体验生活。全世界都喜爱女英雄，尤其是愿意承受斗争之苦的女英雄。几次打击永远也无法伤及力量不断增长的叛逆者。瞧瞧圣女贞德，她就是一位彻头彻尾愿为自己的事业承担起责任的塞壬。这一角色通常都会由好莱坞最迷人的女演员出演，这绝非偶然。

有信念的女人身上有种极为明显的性感气息。我所说的信念，并非是那种"末世终将来临"的执念。或甚至是在毫无证据可言的情况下，面对大规模杀伤性武器时会涌上心头的信仰。你必须从动荡的灵魂深处聚集起力量，用它来捍卫自己不成功毋宁死的事业——如果你打算成为一个会惹恼男人的叛逆塞壬的话。20世纪70年代的凡妮莎·雷德格雷夫与茱莉·克莉丝蒂就是激进派中的时髦人士。布拉德被安吉丽娜想要拯救世界的渴望迷得神魂颠倒。闺房内外，富有激情的安吉丽娜都将丘比特之箭射向了他的心头。你只需记住，要在临走前展颜微笑。

一个顽强的女人在曼哈顿上西区的人行道上为动物的权益振臂疾呼。市中心，自称"黑衣女人"的组织正如蚂蚁般队列行进，她们抗议的内容我永远也无法左右。这些女性不太可能争取到热衷于她们事业的支持者，除非这些勇士们能舍弃她们身穿的过膝长裙。为何萨兰登能成为令男人神魂颠倒的叛逆塞壬？因为装在"漂亮汽水瓶里的激进言论"更容易传递至底部。任何抗议，若是由萨兰登来进行，都会变得极具说服力，而且异常迷人。

为人权与环保而战，奔向事故现场，拽上一位摄影师，以阿曼普尔似的方式带着干粮赶赴战区。抵达之后，以绝对认真的态度开始你的事业——而不是把自己弄得很严肃。记得要去美发沙龙与服装店。可别成为圣人（或烈士），那样一来人们就无法发现你心中那个恼人的小恶魔。任务结束前，这位叛逆的塞壬完全是激情满满的街头示威者。之后，你可能会发现她在教裘德·洛如何喝不加冰的苦艾酒。

要忧心世界局势，因为这正是他们倾慕你的原因，但是一定要把事实与事件弄得一清二楚。越南战争期间，简·方达就曾方寸大乱（不论怎样，我们都爱她），因为她使自己看起来好像在支持越南人一样。你一定听说过"蜂蜜能捉到的苍蝇比醋要来得多"这句话，即与人为善，投其所好，因此以魅力女郎的面貌示人总没有什么坏处。你是一位销售员，这里是指这个词最积极、正面的意义，同时，封面女郎会支持你的勇气与信念。

## 磨练天赋：伊迪丝·琵雅芙

### 性感型 / 母亲型

"瞧瞧这个小东西，她的双手仿若废墟中爬行的蜥蜴……充满好奇的双眼犹如突然间重见光明的盲人。"剧作家让·科克托这样写道，"她会如何歌唱呢？那狭小的胸膛要如何迸发出回响在夜间的伟大悲鸣？你听过夜莺婉转的歌声吗？她左右晃动，犹豫不决，发出的刺耳声音戛然而止。可突然之间，她张开双唇，天籁之音流出，抓住了你的心。"

伊迪丝·琵雅芙张开双臂，口中吟唱起爱情短暂的胜利，遭人遗弃的悲凉与命运的残酷紧随其后。没有华丽的高档服饰，这里上演的是法语版的《让世界转动》。她满月般的脸庞苍白如雪，毫无血色。骨子里，琵雅芙永远都是一个街头浪人，即使在其事业巅峰也是如此。她尖入云霄的嗓音已撑至极限，流动出的歌词讲述了人们普遍的焦虑，深入灵魂。"她的演出令男人疯狂。"一位评论家如是说。他们"坐在座位上，身体前倾，好像想将她揽入怀中"。她一直渴求能得到人们的景仰，男人就纷纷将自己的倾慕之情送至她的膝下，留下自己的妻子在家中大发雷霆。"她的声音堪称千年一遇，"她的姐妹西蒙写道，"她并未强迫自己'变得很现实。'"

伊迪丝·琵雅芙出生在工薪阶层聚集区的路边，起初她就在那里唱歌——毫不夸张地说，是披着警用斗篷，站在路灯下歌唱。她在街头卖艺，起初为自己当杂技演员的父亲当助手，后来则与自己的好姐妹西蒙为伴。这两个蓬头垢面的小姑娘在街角唱出自己的心声，迷倒了"大批男人。"一位夜总会老板将伊迪丝打造成了小麻雀琵雅芙。很快，她开始在国际舞台上声名鹊起。无疑，全世界的人们在沐浴时都会哼上几句她的《玫瑰人生》以及《不，我不后悔》等热门歌曲。起初，美国观众对这位法国流浪儿并不待见，但他们很快就对其推崇不已。"琵雅芙是美国最好的香槟推销员，"一位评论家说，"只要她在夜总会一展歌喉，你就会觉得激情澎湃，喉咙发干。"

"我从未见过有哪个男人能抵挡住伊迪丝的魅力。"西蒙写道。除非是烂醉如泥，否则在晚上睡觉时，她一定要"有个男人贴着自己"。她的情感就像是扇旋转门——西蒙曾考虑过要不要给这些男人分别编上号，以便分清谁是谁。"我胸部下垂，屁股松垮，"伊迪丝说，"但我还是不缺男人。"

琵雅芙换过很多爱人——歌手查尔斯·阿兹纳吾、伊夫·蒙当以及雅克·皮尔森——并要求他们遵守她的游戏规则。她的"真爱"是拳击手马塞尔·塞尔当。当他的飞机坠毁在亚速尔群岛的那一刻，琵雅芙的心就跟着走了。在她眼中，爱情的保质期也许只有24小时——最多也不会超过两三载。她的口头禅就是"被人甩的女人都是蠢蛋。这世上不缺男人……再找一个替代品就行了。"

"爱情一旦变得温温吞吞，要么用大火将它烧热，要么就干脆把它丢到一边。没有温度的爱情无法持久！"

——伊迪丝·琵雅芙

琵雅芙喜欢打扮并"教育"自己的男人。她会为他们织不合身的毛衣。她是一位极度缺乏家政技能的母亲型塞壬。这项"优雅"的爱好带她见识了牙刷所能实现的卫生奇迹。在爱情中，琵雅芙"伤透了心……嫉妒小气、占有欲强……心存疑惑……号啕大哭……将自己的男人圈禁起来……然后欺骗他们。"西蒙说。通盘考虑，她令人"无法忍受"。然而，她吟唱出的"塞壬之歌仿佛具有催眠般的魔力"。而且，纯真女孩变身坏女人这个故事足够卖弄风情，因此男人们最终还是无法抗拒她的召唤。

尽管精疲力竭、毒瘾缠身，这只小云雀在自己用生命谱写的塞壬之歌临近尾声时，依旧能够引诱男人前来触礁。她三任丈夫中的最后一位，一位名叫西奥·萨拉泊的歌手年龄还不及她的一半。"他丝毫没有注意到伊迪丝的手已经皱成了一团，"西蒙说，"或者说她看上去像是位百岁老人。"

## 伊迪丝的经验

在一场美国巡演中，生活困顿、酒精成瘾的琵雅芙突然倒在了舞台上。一位年轻英俊的仰慕者手捧紫罗兰，被领到了她的病床边。琵雅芙的人生似乎已经快要挥霍到了尽头——事实也正是如此。"被病魔蹂躏后，她的脸庞憔悴不堪、手臂瘦骨嶙峋、巨大的额头光光秃秃、肌肤尽显病态。可是他丝毫不介意。"西蒙写道。他总会来探望她，仿佛她依旧是舞台上那个沐浴在聚光灯下的魔力中的女人。"她的美丽源自她的天赋，"——而这种天赋使她发生了改观。

"天赋就像是电流，"诗人马娅·安杰卢说，"我们对电流所知甚少。但我们会使用它——点亮一盏灯，维持心脏跳动，照亮整间教堂。"有时，天赋能引来一大批人。若是没有天赋——让我们面对现实——出生在皮加勒区的娇小的伊迪丝·卡申根本就无法产生足够的能量引来人们的注目。正因为她天赋秉异，这个顶着一张大饼脸的小个子女孩才晋入了塞壬之列。

天赋极为性感，这绝非什么新发现。女人自古以来就懂得在美貌、智慧与性诱惑之外利用自己的天赋让男人陷入罗网。不论她打算从何处入手，她的天赋都可以锦上添花，为自己在他的眼中赢得加分。琵雅芙的"天赋弥补了很多不足。"西蒙写道。我们都知道她说得没错。我们在自己最天马行空的梦想中会干些什么？为大众倾情歌唱，绘制一幅杰作，还是写出一篇优美散文？我们相信，天赋能带来财富、钦佩与爱情。的确。我们已经不止一次见到这样的例子了。

## Tips

### 学会变戏法

也许你无法像夜莺那般歌唱，如毕加索一样作画，或是写出《傲慢与偏见》那样的作品（不过，要是你的力量足够强大，也许能做到这些）。是时候去学一些能用在派对上的技巧了。找一些有点难度的本事——比如变戏法——然后不断练习，直到能够熟练运用。能让你展示技能的机会比比皆是，你可以观察一下，你绝对能给男人们留下深刻印象。

"每个人都有与生俱来的天赋，"安杰卢坚信。你只是需要发现自己的天赋。请注意，天赋会以多种形式出现，但不论是哪一种，都具有诱惑力。我表妹在运动场上的翩翩身姿倾倒了大片男人——虽然女人总是无法理解个中缘由。也许你并不擅长作风趣幽默的祝酒词，无法发明杰出的金融工具，或是无法让一块铝箔在你手中变成高级定制的晚礼服。不断磨砺你所擅长的事情，直到它变得光彩照人，百发百中。然后将它藏在"谦虚这块美丽面纱"之下，吸引更多人的目光。

# 开发智力：克莱尔·布思·卢斯

## 女神型 / 竞争型

1932年夏，克莱尔·布思在纽约的一场派对中盯上了亨利·卢斯——这个男人自认智商不输任何人。女主人至今还记得，"克莱尔蕙质兰心，知道自己不能表现出为他惊艳的样子。"她在不经意间靠近钢琴弧形的琴身，谈吐间抛出不少诙谐的言语，笑容里给人一种丝毫不受尘世纷扰的感觉。她出言批评《财富》杂志，引来时代集团创始人卢斯的注意。她大胆地提出将照片作为插图，这一模式后来成就了《生活》杂志。突然间，卢斯看了一眼怀表，中断了两人的谈话，被撇下的克莱尔独自生着闷气，从来没有人会如此淡然地对待她。然而，当他们在华尔道夫酒店的一次聚会上再次相遇时，卢斯在与她交谈了几分钟之后就决定离开自己的妻子。他说这犹如闪电的一击，令他一见钟情。卢斯觉得他在克莱尔身上发现了自己一直在寻觅的孪生大脑。

原本仅仅凭借着自己明艳照人的容貌，克莱尔·布思就已经能够生活得不错了。她的眼神"楚楚动人、充满魔力"，她的肌肤犹如瓷器般光滑。这些足以令人念念不忘。然而，她想"在男人的世界里力争上游"，让他们为自己的成就倾慕不已。这才是她的雄心壮志。遇见卢斯时，她是《浮华世界》杂志的编辑，并以"自命不凡君"（Stuffed Shirts）的笔名发表了不少诙谐的散文。此后，她又撰写了几部大热的百老汇戏剧和一部有关二战前盟军历史的充满智慧的书。在其事业的巅峰时期，克莱尔曾连任两届国会议员，并被艾森豪威尔总统派往意大利担任大使。据她所说，是她借给了丘吉尔著名演讲《热血、汗水与眼泪》的灵感，也是她赋予了富兰克林·德兰诺·罗斯福新政的名字。一路行来，她的枕边不乏世界上一些最为富有、最有权势的男人，他们最为珍视的就是她的才智。

布思的父母从未步入过婚姻的殿堂——这是整个家族的耻辱——而且她的母亲依靠应召女郎的收入养活一家人。只要能说服她对此缄口不语，那么将克莱尔嫁给一个有钱人就能成为他们的出路。"别告诉他们实质性的东西，"母亲怂恿道，"永远也不要让他们知道事情的真相。"但克莱尔却更偏爱走女神路线。二十岁时，她俘获了乔治·塔特尔·布罗考，这位上了年纪的金龟婿酗酒成性，继承了祖上在纽约上流社会的地位。她的调情几乎令他疯狂不已，布罗考对她崇拜得五体投地。五年后，他一纸慷慨大方的离婚协议使克莱尔获得了解脱，并成为了一位职业女性——纯粹为了好玩，她出现在《时尚》杂志办公室，坐在桌前写下一则标题。编辑们看后甘拜下风，立即决定聘请她。


"如果上帝希望我们用子宫来思考问题，为什么还要再给我们一个大脑?"

—— 克莱尔·布思·卢斯

"我更喜欢单独与出色的男人在一起，"克莱尔说。她的身边从来不乏这样的男士，而她每个月都游走在三四位追求者之间，这些人全都拜倒在她聪慧过人的才智之下。在《浮华世界》工作时，她与自己的编辑谱写了一段浪漫史。在他眼里，布思是一颗冉冉升起的明星，他则扮演起了皮格马利翁的角色。他在两人的爱巢中安装了一架打字机，以此来激发她的才华。"一旦我在他的帮助下站稳了脚跟，他就开始想着要把我放倒了。"她开玩笑说。《浮华世界》的出版商康泰纳仕极为贪恋自己"才华横溢的展品"，金融家伯纳德·巴鲁克则被她的敏捷思维所"蒙蔽"，称其为"最佳才女"。

对于爱情，克莱尔坚信专一的女神塞壬哲学："只有一种方式能使爱情保鲜——永远不要喂饱它！"在克莱尔取消了与自己的约会之后，作家保罗·葛里克就开始对她痴迷不已。不止一个男人注意到，她会从他的爱情宣言中抽身而退，而只有在他打算放弃时才会再次靠近。她看不上那些"过于唾手可得"的男人。对布思来说，"最有可能持久的"爱情是那种毫无回应的爱情。

## Tips

### 不可不知的轶事

1940年德国攻陷法国前不久，担任《生活》杂志战地记者的克莱尔正身处巴黎。"早晨在巴黎北站为难民提供帮助之后，"她写道，"我回到了丽兹酒店。人行道上，路易威登的大行李箱已经堆得很高。离店的客人们行色匆匆，旋转门一刻也没有停歇。"门房建议她立刻收拾行李，因为德国人很快就会攻进来。"你怎么知道的?"克莱尔深受震动。"因为他们已经预定了房间"，他说。

"找对男人才能最好地保护女人。"她在自己撰写的剧本《淑女争宠记》中这样写道。亨利·卢斯手握巨额财富，掌控知识帝国，同时还身具优良家世。尽管并不爱他，卢斯还是她一直以来梦寐以求的丈夫。在他们恋爱期间——这是人尽皆知的秘密——克莱尔成为了卢斯的"谋士"。她仔细钻研了《时代》与《财富》，写下一份有关改进措施的详尽备忘录。她对页面布局有一种与生俱来的天赋。他们之间的谈话全是全球时事与精妙的文字游戏，有时两人甚至会畅谈至天明。卢斯被这颗明星所倾倒，急切地想要展示她的才华。他曾短暂地质疑过与妻子离婚的想法，那时，克莱尔就消失了。她的手段起了作用。"就算以前我对离婚存有丝毫的怀疑，"他写道，"现在也都不复存在了。"1935年，他们举办了一场安静的婚礼。

　　克莱尔与卢斯的婚姻经受住了来自她的野心——以及轻率——的考验，虽然这期间所采取的方式并不总是令人愉快。卢斯总在乞求妻子能给予自己一些关注，或是能从世界各地回到自己的家。"我爱你，"她写道，"请原谅，我无法与你共度更多的时光，并以此证明我的心。"卢斯过世后，这位富有的遗孀便以里根总统外国情报咨询顾问委员会成员的身份出现在世人面前。

## 克莱尔的经验

　　克莱尔"强健有力"的大脑是其所展现的性感中不可或缺的一部分。在卢斯眼里，她的聪明才智令人眼花缭乱，甚是"可爱"。要是没有对克莱尔施加影响，使自己在她面前沦为一个话都说不利索的蠢蛋，她也许会成为任何一个处于巅峰状态的男人最终的伴侣。克莱尔必须证明，在精神上，自己与卢斯远不止般配而已，她能将他甩开好几条街。令两人沮丧的是，《生活》杂志的编辑认为她才是这场戏"真正的老板"。在社会生活中，临朝听政认的是她，而卢斯已然成了一名工作人员。当他在床笫之间"败下阵来"时——这变得越来越频繁——她则因为能播送新闻而兴奋不已。

## Tips

### 字斟句酌

有时，比起大开金口、扫除一切疑云来，缄口不语、被误作是一个傻瓜才不失为一种更好的选择——这则古训一贯以来就是金玉良言。不要因为过于急切地想表现出睿智，就对自己所知甚少的话题发表不切实际的看法。如果你想让自己看起来更聪明，那么语言学家黛博拉·坦嫩就建议你加快语速，而且要避免使用毫无意义的词语。"啊哈"与"嗯"听上去比"当然了"以及"没错"更好。

20年前，《新闻周刊》曾刊登过一篇报道，认为聪明成功的40岁女性出嫁的概率比被恐怖分子杀害还要小。怎么会有这种论调？女性们纷纷跳出来平息这种论调。男人们开始为自己突然变得意志不坚定而痛惜。2006年，一篇名为《为何聪明男人会选择聪明女人》的报道指出，90%的成功男士希望能与有头脑的女人为伴——听起来与我认识的男人们很像，他们不是仅仅只会留意戴墨镜的女孩。"如果一个女人的品格能让我心生敬畏，"这是一个男人向《时代》专栏作家莫琳·多德吐露的心声，"那么她就更有可能值得我深陷情网。"

既然如此，为什么依然存在"男人喜欢蠢女人"的这种谬论呢？当然啦，有些人确实有此癖好。而且毫无疑问，幻想能娶到《花花公子》上一言不发的俏妞可以触动男人的心弦。但是在人们最深远的记忆中，最开始让男人神魂颠倒的就是机智的谈话。生活在16世纪威尼斯的男人们甚至愿意为此买单。他们寻找的并非是无法将生活点滴串联起来的女人。可那些自认为自己的智商是世上最珍贵的财富的女人也不会得到任何人的垂青。"我当然不希望自己的家庭生活反映了美国企业生活的可悲现状。"有人写了《邋遢女人》，个中人物皆自认超级聪明，因此他们"很少会为任何人做什么重要的事"。

就最乐观的一面来看，克莱尔·布思将自己超群的智慧当作了一份令人愉悦的礼物——就算坏到极点，它也不过是一件钝器。你可以说她的人生是一则警戒故事，也可以说它很鼓舞人心。在我们的最后分析中，一个不具备"中央供暖系统"的聪明女人——一位布思般的女人——会削弱自己作为塞壬的目标。去攻读量子物理学的博士学位吧，去撰写世界历史吧，去治愈癌症或是为干细胞研究赋予新的意义吧，但是，女孩们，千万不要以为自己是神的恩赐。

他容忍不了你所具有的优势，不要以为这能让你魅力无穷。一旦人们感觉你把他们当成是傻瓜，在无奈地敷衍他们时，就不会有任何人愿意靠近你。他们在寻找的是朋友，而非敌人。批判性思维很性感，只要你不是在列数他的缺点时使用这一招。

## 你在打造自己权力的基石吗？

你是否并不畏惧呈现自己的最佳状态，还是说你忽视了那些能让你引人注目的品质？炫耀你拥有的一切，接受现有的状态，好好想想下面的问题。如果你给出的大部分答案都是肯定的，那么你的权力基石就很坚实。

1. 你是否认为女人取得的成就能为她们加分，让男人觉得她们更具魅力？

2. 你能够客观地评估自己的优势吗？

3. 你充分利用自己的才能了吗？

4. 你能对自己相信的东西保持激情吗？

5. 你愿意争取自己认为重要的东西吗？

6. 你觉得聪明男人喜欢聪明女人吗？

7. 你所从事的工作充分利用你必须提供的东西了吗？

8. 你已经身处游戏顶端了吗？

# 警世恒言

安妮·博林究竟是位奸妇还是疯狂的亨利八世手下的受害者？如果她不是那般贪婪，也许还能衣食无忧地安享晚年；臭名昭著的苏格兰玛丽女王是个爱情傻瓜，她所有的烦恼都源自于她拒绝看到真相；教皇的女儿卢克雷齐娅·博尔贾是家族的棋子，她的名声因其任人摆布而受到中伤。

把她们看成是恶毒的老太婆、无可救药的浪漫主义者和一枚软柿子吧。她们是史上最具诱惑力的女性，但因失去了理智，她们将自己的力量挥霍一空。要是在文艺复兴时期的牌局上出错了牌，输掉的可能就是自己的脑袋——安妮和玛丽皆是如此。

尽管这些塞壬的名字我们耳熟能详，但却鲜有人知她们错在了何处。她们的故事是警世恒言，向我们展示了现代塞壬会以何种方式在何处脱离正轨，不要让历史在你的生活中重演。留心这些世上最强大的性感女郎所留下的经验教训，正是她们的致命缺陷带着她们走向了毁灭。

# 不要太贪心：安妮·博林

## 女神型

1536年阴冷的冬天，安妮·博林与亨利八世期盼已久的儿子因早产而夭折。亨利在遭受打击之后与安妮彻底恩断义绝。就在三年前，他还为了能娶到她而将整个国家弄得天翻地覆。然而，安妮做梦都想不到亨利会选择何种方式来摆脱她。他以通奸和乱伦这些莫须有的罪名将她逮捕，匆匆审判、定罪后，安妮被判处了死刑。她盼着亨利能大发善心，可直到最后一刻，也没能等来国王的宽恕。"祈祷上帝保佑国王，愿他能长久地统治你们。"博林在生命的最后一小时里一反常态，显得十分仁慈，"因此我离开了这个世界，离开了你们。"说完，她就成了第一位被公开处决的英国王后。

在问鼎后位前，安妮·博林原本是亨利第一任王后——阿拉贡的凯瑟琳的侍从女官。从安妮的纤纤细足踏上英国土地的那一刻起，她就脱颖而出。法国宫廷的磨砺使她变得睿智、老练、时尚，因此极受人欣赏。尽管容貌并不出众，但她拥有一头浓密、顺滑的黑色长发，并"最大限度地"利用了自己会说话的眼睛——打动了亨利·珀西的心，引得这位未来伯爵前来求婚。亨利得知后勃然大怒，安妮被送回了海韦尔城堡，此后亨利开始时不时地去那里喝茶。如果他发誓一辈子只爱她一人，她会成为他的情妇吗？"谢谢，可是我不愿意，"安妮说。要么成为王后，要么就什么都不要。

安妮知道这些事会引发何种反应。她的妹妹玛丽——"另一个博林家的女孩"——就是她的警示。玛丽曾是亨利的情妇，却并未因此得到任何财产或财富，只留下一个乱搞男女关系的恶名。安妮知道，如果"很快就满足亨利的幻想，那么它就会燃烧殆尽。"亨利早就习惯了随心所欲。对他来说，任何无法企及的东西都具有绝对无法抗拒的吸引力。令人难以置信的是，安妮整整与国王保持了七年若即若离的距离。亨利对安妮痴迷不已，为了得到她，他愿付出任何代价。安妮从未怀疑过他会成为自己的战利品。当然，傲慢也最终导致了她的陨没。

## Tips
### 不可不知的轶事

安妮身上有两处胎记或畸形，人们觉得这是她会巫术的证据。一个是右耳下方一颗草莓般大小的痣（"魔鬼的爪印"），第二处则位于她右手六指的指端，她用长长的衣袖和其他手指的指尖将它藏了起来。有传闻说，这是亨利八世为她写下"绿袖子"的原因。

在争取将安妮据为己有的过程中，亨利将饱受痛苦的阿拉贡的凯瑟琳放逐到了穷乡僻壤。亨利向教皇提出申请，要求他批准自己与凯瑟琳的婚姻无效。被拒绝后，亨利割断了与天主教会间的联系，指认自己为新英格兰教会的领袖，直接接受上帝的指令。显然，上帝心中王后的位置是留给安妮的。亨利的追随者们很快就大呼"赞成"，而反对者的头颅也很快被钉在了长矛的尖端，其中很多曾是他最亲密的朋友和顾问。这次的分裂也许是此后几个世纪中天主教徒与新教徒间血腥冲突的根源。对此，我们至今依旧困惑不已。亨利年轻时十分迷人，可他却变得越来越无情，越来越偏执。

亨利八世因娶了六任妻子而举世闻名。安妮的侍从女官珍·西摩成了他的第三位妻子，珍在生下一个儿子后离世。通过信件定下婚约的皇室新娘，克里维斯的安妮成了第四任王后，但亨利对她完全没有兴趣。因同意承认这场婚姻无效，安妮保住了一条命。而16岁的凯瑟琳·霍华德同样因通奸罪，没能逃过斩首的命运。与凯瑟琳·帕尔婚后不久，亨利就寿终正寝。他与安妮·博林的女儿，伟大的伊丽莎白一世最终成了女王。

### 安妮的经验

安妮从来都不是出于爱情才决定攻陷亨利的心。因在宫中的地位相对较为卑微，她难免遭人怠慢，安妮对此心怀怨怼。而且，她拒绝了亨利·珀西——或者，用她的话来说，"与其做未来的哈里伯爵夫人，不如成为亨利的王后。"一旦大权在握，安妮就发誓要采取报复行动，她是一个几乎完全以贪欲为动力的塞壬。

将当了20余年王后的阿拉贡的凯瑟琳放逐，安妮没有感觉片刻的悔恨。她下令将反对她的顾问们都斩首。没能等来教皇对废除亨利第一次婚姻的允诺时，为了安抚安妮，亨利授予了她彭布罗克侯爵夫人的头衔，随之而来的还有不菲的收入。然而，这些都没用，安妮想要的是所有的一切——即便要因此葬送上百条人命。六个世纪后，我们还是会问：她究竟以为自己是谁？

好吧，一方面，你可以欣赏安妮的勇气。早在文艺复兴时期，拒绝一位国王可是很危险的。即便在今天，也不会有很多人有这样的胆色（更不用说这种机会了）。她引诱亨利时用的绝对是塞壬的那一套，可世上还有一种情况叫物极必反。要是她真的爱上了亨利，这么做也许还有些意义，可她甚至都懒得表现出尊重之意。安妮沉醉在自己魅力带来的权力中，失去了控制。她谄媚地噘嘴、使性子——对于亨利想要追求的女孩来说，这种挑战让人甘之如饴——可这些要是出现在一位没能履行好自己职责的妻子身上，就让人无法容忍了。就让安妮成为那些容易自负的塞壬们的警告吧。

作为一位塞壬，你已经吸引了房间里所有血性男儿的注意。仅仅因为你能抓住所有人的心，就非得这么做吗？国王已经赐予了你珠宝，将托斯卡纳区的房产转到了你的名下——为了迎合你一时的兴致，就必须制造一段历史传奇吗？不要失去了理智。复仇是爱情一个可悲的代替品。要清楚，你所追求的东西已在何时演变成了纯粹的傲慢和贪婪。正如他们所说的，骄横是灭亡的先声，聪明的塞壬总会让自己的朋友留在权力的中心。

# 不要失去理智：苏格兰女王玛丽·斯图亚特

## 性感型

玛丽·斯图亚特执掌皇印后，为她物色一位合适的夫君就成了整个国家的当务之急。苏格兰自然需要继承人，可真正的危险却来自于美丽的玛丽。她的身上"散发着魅力，蛊惑着男人的心。"这很容易招蜂引蝶，曾有亲王因威胁到她的贞洁而被斩首，有士兵的猥亵涂鸦在王宫内被截获，还有诗人多次潜入她的卧室，只为表白自己的爱慕之情（他也被处决了）。就更不用说，这位淫荡的女王总能让自己的名声摇摇欲坠。人们为她寻觅了一些门当户对的婚嫁对象，可做出最终决定的还是玛丽那颗不羁的心，达恩利亲王亨利·斯图尔特——她的嫡亲堂弟——是她见过"最健壮、身材最好的人"，还有什么理由不嫁呢？

"所有不幸的根源可能都在于她把华而不实的魅力误当成了货真价值的品格。"一位历史学家写道。在性的束缚之下，玛丽无法看清真相。但对王宫中的所有人来说，这一点再清晰不过：达恩利亲王品行不端，他是冲着那顶王冠而来的。他不过是徒有一具好皮囊的残暴之徒罢了——完全够不上一位睿智、合适配偶的标准。但皇室生活在玛丽眼里就是一段童话，而达恩利亲王就是里面的王子。看着她满心欢愉地"把自己全身心地交给他"，女王的顾问们焦虑万分。可玛丽一次次地证明了，自己从来就没从中学到任何有关男人的经验。她注定是跟着感觉走的人，而她的感觉最终将她送上了断头台。

玛丽·斯图亚特是苏格兰国王詹姆斯五世与法国皇室玛丽·吉斯之女。依据婚约，她会成为法国国王弗朗索瓦的妻子，因此她从小在法国宫廷长大。不幸的是，她年轻的丈夫在加冕一年之后就过世了。玛丽以女王的身份回到苏格兰——至少承担起了一部分女王的责任。虽然她对统治怀有激情，但却缺乏政治判断。作为信奉天主教的亨利八世的后代，她相信自己有能力领导英格兰。亨利的女儿伊丽莎白女王是她的表姐，玛丽的思维方式与这位信奉新教的女王之间产生了直接的冲突。

玛丽的故事堪称史上最骇人听闻的肥皂剧。在与达恩利亲王成婚几个月后，她就意识到自己犯了错。一旦她睁开双眼看到了令人不快的现实，就开始在宫中挥霍感情。玛丽一直都是情感外露的人。她暗示说，希望自己的丈夫能彻底消失——尤其在他残忍地谋杀了玛丽意大利籍的秘书之后。达恩利亲王在爱丁堡的一场巨大爆炸后彻底断了气，人们觉得博思韦尔伯爵是这场阴谋的主谋。

"我劝告你，我建议你，我恳求你，"伊丽莎白在信中敦促表妹"以儆效尤"。但玛丽充耳不闻。她又深深爱上了错的人。博思韦尔在一场虚假的审判中被判无罪。他绑架、"强奸"并娶了玛丽，而她则装出一副天真无辜的模样。"烧死那个荡妇！"她的臣民们强烈要求。她遭到囚禁，被迫放弃了王位。

这场阴谋的结局如何呢？被废黜的女王逃了出来，前往英国寻求庇护——她还真缺少敏捷的思维。伊丽莎白整整囚禁了她19年，玛丽的魅力——她那"蜜糖般的言语"——甚至蛊惑了狱卒。因为怕被她的诱惑力迷惑，伊丽莎白拒绝见她，在无数个试图让天主教重掌英格兰的计划中，玛丽扮演了傀儡的角色。在她参与策划了巴宾顿阴谋后，伊丽莎白不情不愿地将其斩首。玛丽与达恩利之子成了伊丽莎白的继承人，英格兰国王詹姆斯一世。

## 玛丽的经验

"因为生活在虚伪的朋友中间，她对于男性顾问的判断力糟糕透顶。"一位观察家如是说。一开始玛丽表现得很"酷"，但遇见达恩利后就突然变得很"火热"。可她怎么会没注意到他的虚荣心，没发现他对暴力有种令人轻蔑的偏好吗？别让我又回到那个"危险的"博思韦尔身上。他就是个轻率鲁莽、容易头脑发热的人。在爱情问题上，玛丽是一个无可救药的浪漫主义者，一个多情的蠢蛋和一个无人不晓的傻瓜。一旦这位女王觉得心中再次激情涌动，就会戴上玫瑰色的眼镜，觉得世界一片美好。

玛丽本可以成为一个卓越非凡出的演员、一位振奋人心的圣人或是一个无所畏惧的改革家，可身为苏格兰女王的她却最终演变成了一场灾难。在表姐伊丽莎白看来，玛丽展现了冲动行事会带来的所有愚蠢之处。从选择达恩利的那一刻起，她就陷入了一个漩涡，无处可逃，博思韦尔只不过是火上浇油而已。玛丽无法或不愿意用皇室的思维来考虑情感问题——对无可救药的浪漫主义者来说，这不失为一种警示。

无法自拔的浪漫主义者总会被那些最华而不实的男人所吸引：他发型考究、肌肤呈现出均匀的古铜色，搭讪的甜言蜜语因为经常使用所以说得溜溜的。有内涵的男人在她的眼里总显得平淡、无聊。夜晚结束之时，她要么已经坐上了他的大腿，要么就是瘫在地板上无助地哭泣。他说过会打电话的，她守在电话机旁，她所谓的欲擒故纵就是首先向他服软。

她总会把性吸引与爱情混为一谈。不能仅仅因为他想把她弄上床，就觉得他在两人间建立起了有意义的情感纽带。确切地说，她并不傻——不过是执拗的天真罢了。她沉溺在恋情的蜜月期，不愿醒来面对令人不快的事实。请记住玛丽的例子："不是没有别的君主喜欢上了让人生厌的家伙，但鲜有人……像玛丽这般，一次次为他们牺牲了一切。"

要教会你的心听从你的脑子，选出那些真实的东西。如果无法做出判断，就问问身边的顾问，他们也许能发现一些你拒绝去触碰的东西。

# 别成为一枚软柿子：卢克雷齐娅·博尔贾

## 伴侣型

"午餐时没能成的事儿，等到晚餐时就可以办妥了。"恺撒·博尔贾对着自己的妹夫耳语道。阿方索公爵在罗马圣彼得大教堂的台阶上被恺撒派出的刺客刺伤，现在正无助地躺在床上，等待伤口复原。为了保护他，他的妻子卢克雷齐娅不停地在附近徘徊——可一切都是枉然。当晚，趁卢克雷齐娅离开房间的间隙，阿方索公爵被人勒死在了床上。年轻的寡妇在悲恸中哀怜地绞着自己的双手，等待她的会是什么呢？几周后，她似乎就已经恢复了往昔的神采。几个月后，卢克雷齐娅又订婚了——这场婚姻将增强博尔贾家族对意大利的公爵领地及采邑的控制。

阴谋家……女凶犯……罗马境内最大的娼妇？还是说让整座城市沸腾的传言是假的？卢克雷齐娅·博尔贾更像是一个思想贫乏的金发女郎吗？你也许会觉得现今腐化堕落的例子俯拾皆是。那就见识一下文艺复兴时期意大利的博尔贾家族吧。卢克雷齐娅要么就是幕后黑手，要么就是（我更赞成这种观点）任人摆布的草包贵妇——一个为控制意大利不惜一切的家族的卒子。可问题是：为什么一路走来，卢克雷齐娅会甘之如饴呢？

卢克雷齐娅是红衣主教罗德里戈·博尔贾与情人的私生女——他们还生了三个黑手党一般的儿子。卢克雷齐娅一出生就

"融化了罗德里戈的心"，这个头发卷卷的小可爱永远也不会做错事，长大成人之后，她的举止优雅至极，行走时，你几乎"感觉不到她在迈腿"。这样的女儿完全可以用来当作政治筹码。为了拉拢米兰的势力，罗德里戈在成为教皇亚历山大六世后（我可没开玩笑），将13岁的卢克雷齐娅嫁给了佩萨罗公爵乔瓦尼·斯福尔扎。

那个年代的恩宠并不长久，现今的政治也并无不同。一旦斯福尔扎对博尔贾家族的利用价值不复存在，教皇就会让他乖乖地滚开——不然就趁着夜色把他丢进台伯河里喂鱼。但卢克雷齐娅却有些激动异常。她对乔瓦尼产生了感情，对父兄的反对态度心怀不满。他们对外宣称她仍是处女，逼斯福尔扎承认自己阳痿。临别之际，斯福尔扎透露，教皇"想独占卢克雷齐娅"。所有人都意识到他在暗示教皇乱伦。

## Tips

### 不可不知的轶事

卢克雷齐娅"金发碧眼"，她的"天人之姿"倾倒了诗人拜伦。1816年，拜伦从米兰安波罗修图书馆的展示橱窗中偷走了她的一缕头发。他将16年来卢克雷齐娅与诗人皮埃特罗·本波间的通信称作是"世间最美的情书"。卢克雷齐娅的恶名激发了维克多·雨果和多尼采蒂的灵感，两人分别据此创作了一出戏剧和一部歌剧。

卢克雷齐娅"十分钟意留在自己身边的丈夫",可她还是兴高采烈地开始了一段新感情。为什么呢？人们普遍认为，"她有一种可怕的强迫症"，总想取悦博尔贾家族的男人。她带着愠怒躲到修道院，可一听到"大主教"的呼唤，就"急急地奔回他身边"。最多也就是抗议一句："我的丈夫们都很不幸。"卢克雷齐娅没有捍卫自己的权利，而是屈从于博尔贾家族的意愿。她又得到了什么呢？身后，人们评价她是"教皇的女儿、情妇和儿媳"，着实令人心酸，她也因此成为了历史最臭名昭著的人物之一。

鉴于卢克雷齐娅在罗马声名狼藉，她的第三任也是最后一任丈夫，费拉拉公爵在发现自己的新婚妻子"既温顺又顺从"时甚为惊讶，他甚至不及卢克雷齐娅的前任公爵丈夫一半讨人喜欢。卢克雷齐娅四处购物，并成了一位艺术赞助人。她分别与诗人皮埃特罗·本波和她潇洒的姐夫有过一段激情四射的风流逸事。她在生命的最后阶段开始保持虔诚，身穿僧侣的粗布衬衣，最后死于分娩引发的并发症。

## 卢克雷齐娅的经验

阿方索公爵遇害后，卢克雷齐娅的眼泪分分钟都没有断过。她的悲伤令老教皇甚为困惑，他无法理解，一个20多岁的姑娘怎么会如此沮丧。卢克雷齐娅习惯性地躲进了修道院，这让她的父亲更加光火。一听大使报告说教皇"不那么爱她了"，卢克雷齐娅立刻就向这种情感勒索屈服。在采购新嫁妆时，她就已经接受了这一安排，她带着随从前往了费拉拉。

这不就是文艺复兴时期吗？一个男人是男人，而女人不过是花瓶的时代。事实上，文艺复兴时期造就了很多女勇士，尤其是博尔贾家族所在的圈子。卢克雷齐娅是少数几个原本可以成功藐视教皇的女性之一，但她不断向一家之主低头，而且动作一次比一次迅速。她最终变成了一段警示寓言，告诉人们如果伴侣塞壬迷失了自己的方向，将取悦男人放在了最重要的位置会面对何种下场。圈套、束缚，没有什么能更迅速地让塞壬自身的力量流失殆尽。最终，她会沦为人们眼中的一件财产。

软柿子们总会为男人找借口，即便他们会拉低她的格调。他撒谎、骗人、行窃、躲过了谋杀的指控，她说他是受到了自己无法控制的力量的胁迫。在她眼里，他不过是遭到世人误解罢了。正如他们对卢克雷齐娅的评价那样："她命中注定会被人愚弄，"她"永远也无法应付"自己所处世界中男人做出的判断。

你的生活是否因男人的一通电话而开始呢？你对周六晚上约会的安排就是和别的男人一起喝啤酒吗？他送给你的礼物实际上都是买给自己的吗？你还因为他能记得送礼物而可怜巴巴地感激不已吗？你的诊断结果已经出来了：你已经失去了掌控权，显然是个软柿子。

要知道，永远沉默不语的软柿子无法给任何人带来任何好处。收回自己的力量，大声说出自己的想法，能激起些许畏惧之情的塞壬永远不会伤害任何人。出格的男人总会苦苦哀求你管住他。六个世纪前用来说服自己继续忍耐一个无赖的借口在今天已经远没有说服力了，如果他野蛮残忍，那就离开他，更不用说保护他了。

# 尾 声

　　别去管几个世纪来爱情观发生了何种变化。塞壬们之所以能让人神魂颠倒，其原因始终都很基本，可她们的魅力所在千差万别。诚然，每位塞壬都对自己的吸引力信心满满。她们活力无限，爱男人爱到痴迷，但除此之外，她们的选择就不尽相同了。塞壬们各有各骨子里透出来的性感，你也一样。

　　男人更喜欢金发碧眼的愚钝女人？喜欢肤色偏暗、沉默神秘的女人？这些谣言是谁散布出去的？塞壬们一直都在对这些谬见还以颜色。这些伟大的性感女性向我们展示的信息是，男人值得我们给予更多的荣耀。看看周围。男人喜欢那些聪明易变、拥有无尽想法的红发女郎，或是那些丰满独立、风趣幽默的金发尤物。有时他们希望女人能大胆无畏，又带些孩子气——要么就是才华横溢。首要的一点是，男人爱放纵他们的女人。把自己圈在高墙之内的女士通常会输得一败涂地。

　　有些塞壬可能会仰仗自己善于持家的魅力来俘获男人的心，而另一些则会用自己在证券交易所或狩猎场上的敏锐天赋来秒杀这种魅力。女神型塞壬喜欢玩欲擒故纵的把戏，但只要男人一召唤，她的姐妹伴侣型塞壬就会纵身跃入爱河。柏瑞尔·马卡姆与詹尼·杰罗姆之间的差异是条鸿沟。帕梅拉·哈里曼与埃及艳后的诱人之道完全不同，更遑论她们之间隔着千年的时光。

在逐渐了解这些杰出女性的过程中，我一直敬畏于她们的勇气。她们是站在自己男人身边的塞壬，是在必要时有勇气转身离去的塞壬。一些人终身未嫁——例如妮娜·狄朗克洛丝、伊丽莎白一世以及可可·香奈儿，但没有一个人失去了自己强大的信心或任由社会期望来主宰自己的身份。所有人都坚决拒绝毫无个性地被人归入某个类别。伊丽莎白一世在发起战争时曾说，"我明白自己生了一副柔弱女子的身躯，但我有着一国之君的胸襟。"

贝隆夫人鼓励我买下了人生中的第一件貂皮长衣；泽尔达·菲茨杰拉德向我展示了塞壬还可以通过用情不专来释放自己的力量；在了解了帕梅拉·哈里曼之后，我学会了如何在人群中开启一场亲密对话——后来人们把这叫做"Pamelized（进行帕梅拉式的社交）"；卡罗尔·隆巴德证明了风趣远比露肉性感；梅·韦斯特让我开始重新思考枕边细语的意义，而奈洁拉·劳森则为我指点了引诱人的良方。

我很荣幸，在写作《塞壬的诱惑》时能有这些塞壬相伴。我始终觉得她们在我身后注视着我，为我打气，这里的每句话就像她们刚说出口时的那般睿智、鲜活。现在，她们的精神已融入了我的身体——永远不会消失，我希望你的身上也能找到她们的影子。